探秘世界系列
DISCOVER THE WORLD

# 玄妙地球之谜

主编/李瑞宏　副主编/郭寄良
编著/高　凡　陆　源　绘/米家文化

浙江教育出版社·杭州

# 推荐序

随着人类文明的不断进步，现在的社会生活中到处都是应用科学技术的成果。人们的衣食住行，未来社会的发展，每一样都离不开科学技术的支撑。

我们乐观地期待着更加美好的未来，也看到未来事业的发展存在着新的、更多的挑战。少年儿童是未来的希望，毫无疑问，谁培养、教育他们取得了成功，谁就将赢得未来。

探知人自身以及外部世界的奥秘是人类文明的起点，也是少年儿童的天性。为了提高少年儿童的科学文化素质，适应他们课外阅读的需要，“探秘世界系列”丛书收录宇宙万物中玄奥的科学原理，探究人体内部精微组织与奇妙构造，揭秘动植物界鲜为人知的语言、情绪等行为，介绍最新奇的科技产品和科学技术，再现波澜壮阔的恐龙时代……包括梦幻宇宙、玄妙地球、奇趣动物、奇异植物、新奇科技、神奇人体、神秘恐龙7个主题，是一套全力为少年儿童打造的认识世界的科普读物。

本套丛书从科学的角度出发，以深入浅出的语言、神奇生动的画面将其中的奥秘娓娓道来，多角度地向少年儿童展示神奇世界的无穷奥秘，引领少年儿童进入一个生机勃勃、变幻无穷、具有无限魅力的科学世界，让他们在惊奇与感叹中完成一次次探索发现世界奥秘的神奇之旅，让他们逐渐领悟其中的奥秘、感受探索发现的无穷乐趣。

此外，本套丛书特别注重科学知识、人文素养及现代审美观的有机结合，3000多幅精美的图片立体解析了科学奥秘，书末的“脑力大激荡”充分检验孩子们的阅读能力，而精美的装帧设计，新颖科学的版式，富有真善美相融合的内涵，使本套丛书变得更加生动、活泼、好看。希望本套丛书能够成为少年儿童亲近科学、热爱科学和学习科学必不可少的科普读物。

“芳林新叶催陈叶，流水前波让后波。”相信阅读“探秘世界系列”丛书的小读者们一定会从中获得更多的新感受、新见解。未来的社会主要是人才的竞争，未来的世界等着你们去创造，去发现，你们一定能成为未来社会的精英，成为推动世界科学技术发展的强劲后波。

中国自然科学博物馆协会理事长
清华大学博士生导师 **徐善衍教授**

# 目录
Contents


地球有多古老/2

看不见的经纬线/6

地球内部的大火炉/10

地球是个大磁体/14

姐妹花——白天和黑夜/18

孕育生命的海洋/22

大自然的宠儿——岩石/26

大地母亲的皮肤——土壤/30

地球的至宝——矿物/34

特殊的地层档案——化石/38

地壳内部的“原子弹”——地震/42

地球上最强大的自然力——海啸/46

善于伪装的暴力分子——火山/50

太阳带来的礼物——气候与四季/54

让人又爱又恨的风/58

天空中的漫步者——云/62

降落人间的精灵——雨/66

白色小精灵——雪/70

空中的魔术师——雷电/74

横跨天空的彩带——彩虹/78

虚幻的海市蜃楼/82

作恶多端的兄妹
——厄尔尼诺与拉尼娜/86

天气变化早知道——气象观测/90

贫富悬殊的七兄弟——七大洲/94

神奇的白色世界——极地/98

大地的舞台——高原/102

死亡之海——沙漠/106

生灵的乐园——草原/110

“襟怀坦荡”的平原/114

人间的聚宝盆——盆地/118

地球的制高点——山地/122

天使的眼泪——湖泊/126

疑是银河落九天——瀑布/130

水中奇葩——岛屿/134

地球家园的肺——森林/138

地球之肾——湿地/142

美丽的海石花——珊瑚礁/146

地球的动力——能源/150

脑力大激荡/154

探秘世界之旅
现在开启

# 地球有多古老

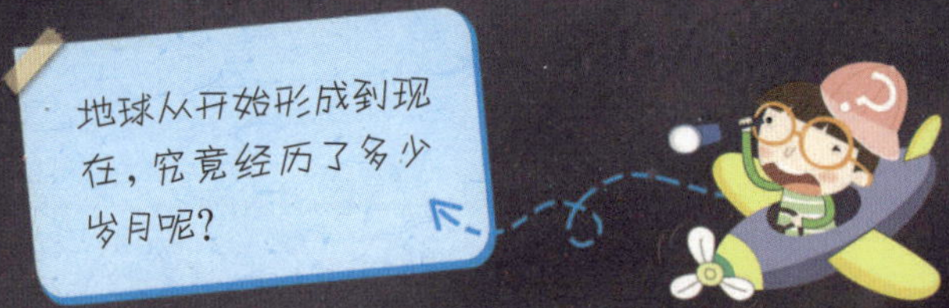


## 地球的同龄人——陨石

1956年，美国科学家帕特森宣布了一项测定结果。他说："地球的年龄是45.5亿年，其中的误差仅为1%。"帕特森是怎么得出这一结论的呢？他的测量对象又是什么呢？原来，帕特森在美国亚利桑那州恶魔谷发现了一块陨石，并且通过测量这块陨石得出了上述结论。

为什么测量陨石可以得出地球的年龄呢？原来，根据目前最流行的关于太阳系起源的"星云说"理论，太阳系中的行星大致是在同一时期形成的。也就是说，它们都是地球的"同龄人"。陨石是小行星落到地球表面的碎片。陨石就像一只"地质钟"，它记录了小行星形成的时间。通过这个时间，我们就可以间接地估算出地球的年龄了。

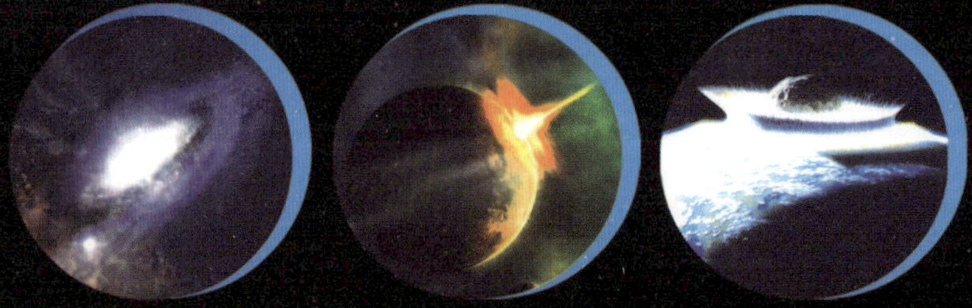

## 神奇的地质钟

世界上是否存在这样一种时钟，它忠实地记录着地球成长的全部历程呢？长久以来，人们一直在寻找这种标准时钟。终于，1905年，藏在岩石中的神奇的“地质钟”被美国化学家博尔特伍德的慧眼发现！

博尔特伍德通过长期的观察发现，在含铀的岩石中必定存在铅元素。而且，在地球的任何一个地方，放射性岩石中所含铅与铀的比例通常极为一致。于是，博尔特伍德假设各种形态的铅是铀同位素衰变后的最后产物，而在年份相同的放射性矿物中，铅与铀的比例是相同的。那么，只要能知道铀衰变的速率，就可以根据岩石中铅的同位素与尚未改变的铀的同位素的相对比例，精确计算出岩石的年龄。随后的研究证明，博尔特伍德的假设完全正确。经测算，铀的放射性衰变速度极为缓慢，大约需要经过45.1亿年，才有一半的铀发生衰变。因此，45.1亿年就是铀的半衰期。而帕特森正是运用了这个神奇的“地质钟”才估算出地球的年龄的。

## 别出心裁的科学方法

人们最早尝试来探究地球年龄的科学方法是用海洋中的盐分来测量地球的年龄。1715年，英国天文学家埃德蒙·哈雷说：假定海水变咸是因为大陆上的河流把盐分冲入了海洋，那么我们把每年全球的河流带进海洋中的盐的数量，除以目前海洋中盐的总含量，就可以推算出海洋的年龄大约是1亿年。但是，人们对此提出质疑：“在海洋出现之前，地球早已出世了。”“海洋中的盐除了河流带入外，还有其他来源，比如火山活动、熔岩从洋底的裂缝涌出等。”“此外，河流带入海洋中的盐，每年也不相同。海中的盐分还会被风吹到岸上而一部分返回大陆，所以这个计算结果显然大大偏低。”

人们又采用另一种科学方法来估算地球的年龄：采用岩石的高度进行估算。随着岁月的增长，海洋中的沉积物会越来越厚，变成沉积岩。据估计，每3000～10000年可以形成1米厚的沉积岩。而地球上各个地质时期形成的沉积岩，加在一起总共有100千米。于是，有人算了算，这些沉积岩的形成一共花了3亿～10亿年的时间。他们开始猜测：“这会不会就是地球的年龄呢？”但是，“板块构造理论”的发现驳斥了这一猜想。因为随着板块的移动，洋底的沉积物也会不断移动，甚至消失。所以，这种方法估算的地球年龄也不可靠。

## 地球的地质年龄小于它的天文年龄

通常，人们所说的地球年龄是指它的天文年龄。地球的天文年龄是指从原始的太阳星云中积聚形成一颗行星至今的时间。目前对地球年龄的最佳估计值为45.5亿年。

地球的地质年龄是指地球上地质作用开始之后到现在的时间。从原始地球形成、经过早期演化到具有分层结构的地球，估计要经过几亿年，所以地球的地质年龄小于它的天文年龄。

# 看不见的经纬线

你知道地面上为什么找不到经纬线吗?

为了在地球上确定位置和方向，人们在地球仪和地图上都绘上了经线和纬线。连接南北两极的线，叫经线；与经线垂直、环绕地球仪一周的线，叫纬线。经线指示南北方向，纬线指示东西方向。可是，在现实的地面上，我们是不可能看到这两种人们假设出来的辅助线的。

## 最长和最短的纬线

纬线是由一条条长度不等的线圈围成的圆圈，它们互相平行。最长的那条纬线，就是赤道。从赤道向两极，纬线圈逐渐缩小，到南、北两极缩小为点，这两个点就是最短的纬线。

## 经线圈的妙用

每条经线的长度全部相等，它们都是半个圆。两条正对的经线形成一个经线圈。任何一个经线圈都能把地球平分为两个半球。

## 每一条经线和纬线都有自己的名字

在地球表面，人们可以画出无数条经线和纬线。但其实它们各不相同的，怎么样才能够将它们区别开来呢？最好的办法，就是用经度给各条经线命名，用纬度给各条纬线命名。

**0°经线** 国际上规定，把通过英国格林尼治天文台原址的那条经线，叫作0°经线。因为经线又叫子午线，所以这条0°经线也叫本初子午线。0°经线以东的经线，人们称为东经；0°经线以西的经线，人们称为西经。由于地球是个球体，所以东、西经各有180°。东经180°和西经180°其实是同一条经线。

**0°纬线** 赤道就是0°纬线。赤道以北的纬线，人们称为北纬；赤道以南的纬线，人们称为南纬。南、北纬各有90°。北极是北纬90°，南极是南纬90°。

## 第一条纬线的诞生

公元前334年，马其顿国王亚历山大渡海南侵，继而东征。随军地理学家尼尔库斯准备绘制一幅“世界地图”，于是沿途搜集资料。聪明的尼尔库斯发现沿着亚历山大东征的路线，由西向东，无论季节变换与日照长短都很相仿。此时他为全世界做出了重要的贡献——第一次在地图上画出了一条纬线，这条线从直布罗陀海峡起，沿着托鲁斯和喜马拉雅山脉一直到达太平洋。

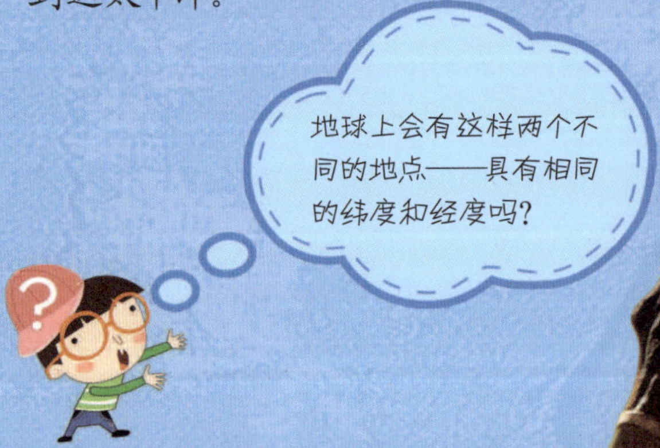

## 寻找经线的影子

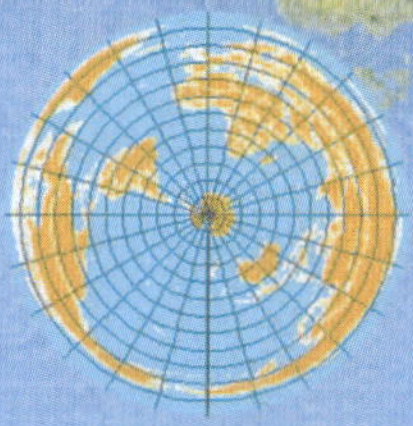

想要看到你所在地方的经线并不难。只要将一根竹竿立在地上，当正午太阳升得最高的时候，竹竿阴影的延伸方向就是你所在地方的经线。这是不是很简单啊！

## 把地球当西瓜切

通过经线和纬线，我们还可以像切西瓜一样，把地球划分成几个不同的半球。把地球沿最长的纬线——赤道切开，赤道以北的半球，叫作北半球，赤道以南的半球叫作南半球。如果沿西经20°和东经160°经线把地球切开，由西经20°向东到东经160°的半球叫作东半球，以西的半球叫作西半球。

# 地球内部的大火炉

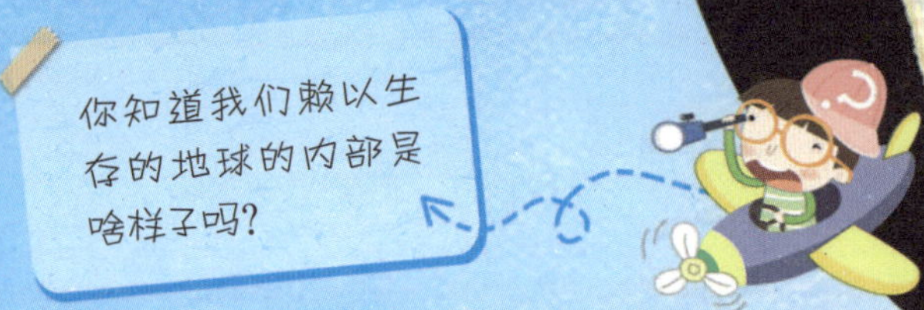


## 不可能采样的研究

地球的半径大约为6371.004千米，而就目前人类的技术水平来看，人类所能打出的探测井深度不足20千米，所以要通过采样的方式直接了解地球内部的结构，几乎是不可能的。

## 会唱歌的地震波

地球上每年可能造成破坏的中等以上的地震约有1000次。巨大的地震会使大地震动，传出像巨锤撞击铜锣那样的地震波。地震波有回声，传播时会改变方向，在地底下碰到不同的物质时会“唱”出不同的音调。科学家们敏锐地想到，利用地震波可以揭开地球深处的奥秘。

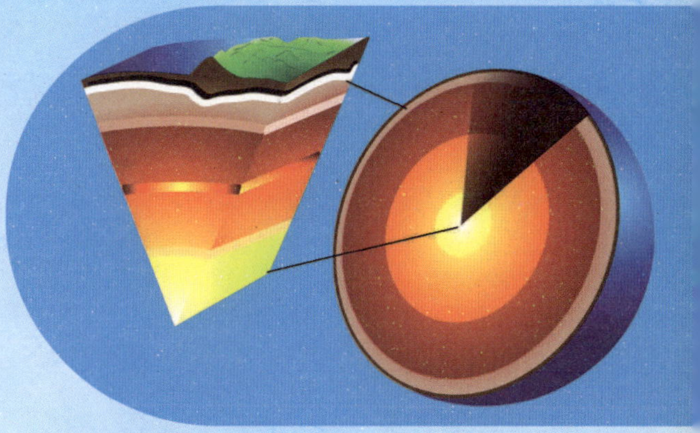

## 地球内部的物质分界面

**莫霍面** 1910年，克罗地亚地震学家莫霍洛维奇意外地发现，地震波在传到地下50千米处时会发生折射现象。他认为，这个发生折射的地带，就是地壳和地壳下面不同物质的分界面。后来，人们将地壳和地幔的分界面称为莫霍面。

**古登堡面** 1914年，德国地震学家古登堡发现，在地下2900千米深处，存在着另一个不同物质的分界面。人们将地幔与地核的分界面称为古登堡面。

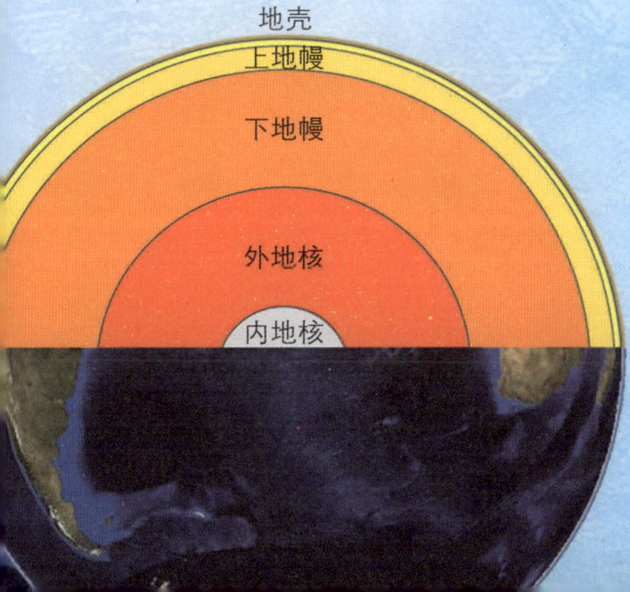


## 越来越热的三个同心球层

地壳、地幔和地核是存在于地球内部的三个同心球层：中心层是地核，中间层是地幔，外层是地壳。地壳与地幔之间由莫霍面分界，地幔与地核之间由古登堡面分界。

在地球的内部，距离地表越远，温度越高。近年来的钻探结果表明，在地壳深处约3000米以上，每深入100米，温度升高2.5℃；到达11千米深处时，内部的温度已达200℃。2011年4月1日，美国一些科学家用实验方法推算出：地幔与地核交界处的温度大约为3677℃，地核的外核与内核交界处的温度约为6300℃，地核的核心温度约为6600℃。

## 地壳相当于蛋壳

如果把整个地球比喻为一个蛋，那么地壳就相当于蛋壳。它主要由一组组断裂的、大小不等的岩石构成，因为厚度并不均匀，所以呈现出高低起伏的形态。高山地区的地壳厚些，海洋地区的地壳薄些，整个地壳的平均厚度约为17千米。

## 并非地球的原始壳层

目前所知地壳岩石的年龄至多有20多亿年，即使最古老的石头——丹麦格陵兰的岩石也只有39亿年；而据天文学家考证，地球已有大约45.5亿年的历史了。可见，现在的地球壳层的岩石并非地球的原始壳层，而是由地球内部的物质经过火山活动和造山运动等逐步形成的。

## 地幔相当于蛋白

地幔位于地壳和地核之间，厚度为2800多千米，主要由密实的造岩物质构成。地幔是地球内部体积最大、质量最大的一层。地幔又分成上地幔和下地幔。

上地幔顶部存在着一个软流层，可能由于放射性元素在这儿大量集中，衰变放热将岩石熔融化成软流，这里可能是岩浆的发源地。

下地幔由一些可塑性固态物质构成，这些物质就像沥青一样，在短时间内具有一定的可塑性，但如果放久了就会发生变形。

## 地核相当于蛋黄

地核的平均厚度为3400多千米，主要分为外核和内核。外核的厚度约为2250千米，主要由一些可流动的液态物质构成；内核是一个半径为1220千米的固体球心，主要由铁、镍等金属元素构成。

# 地球是个大磁体

你知道吗？地磁两极并不等于地理上的两极。

1600年，英国物理学家吉尔伯特提出："地球自身就是一个巨大的磁体，它的两极和地理两极相重合。"吉尔伯特的理论具有历史开创性。但是，地磁两极并不与地理上的南北极重合，而是存在着磁偏角。

## 地球磁场起源于地球的熔融核心

地球核心由直径大约为2400千米的白热化固态铁球组成，周围围绕着厚为2250多千米的液态金属。它们流动起来好像一部发动机，不停地将巨大的机械能转化成为电磁能，从而形成了地磁场。

## 地球磁场也许是由海洋运动产生的

美国一项最新的研究指出，地球磁场也可能是由洋流引起的，因为海水里的盐具有导电性，这就意味着海水在运动时产生了电流和磁场。因此，我们决不能低估洋流运动的作用。

## 地磁保护伞惊现裂缝

抵御太空有害射线的地球磁场犹如一把有洞的破阳伞，有时太阳猛烈喷射的带电粒子流乘虚而入，以160万千米的时速穿透地球高层大气，能引起耀眼的极光，还会干扰卫星与地面的通信。

## 美丽的极光

在地球南北两极附近地区的高空，也就是地球磁极的周围区域，夜间常会出现绚烂美丽的光辉，有时像一条条彩带，有时像一团团火焰，有时又像一幅五光十色的巨大银幕，这就是极光。

极光的发生是因为太阳风的一部分带电粒子乘虚而入，与氧和氮原子碰撞后，成为激发态的离子，这些离子发射出不同波长的辐射，于是就产生出缤纷的色彩。

## 磁极会“走路”

古地磁学的证据表明，古地球磁场与现在的磁场已极为不同。事实上，在各个不同的时期，磁极的位置几乎都不相同。这就是说，磁极会“走路”，有时甚至会迁移几千米。

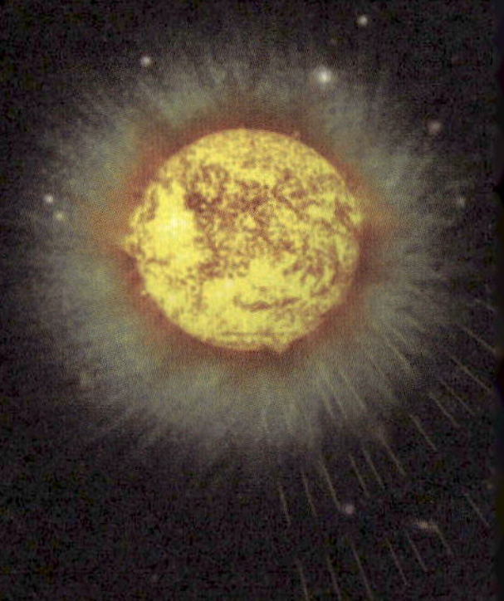

## 地球的南北磁极对调

磁极不但会“走路”，在过去的5亿年中，地球的南北磁极还发生过上百次对调的事件。有科学家预测，在两极翻转的过程中，地球上生命的很多方面都会发生颠倒和混乱。那时，保护人类免受太阳高能粒子强烈辐射的地球磁场将会完全消失，地球将整个暴露在各种致命的宇宙射线下，各种灾难降临；大气层的上层被加热，将引起全球气候的变化；所有位于地球近地轨道上的导航和通信卫星将被损坏；地球上所有的迁徙性动物将失去定向能力。

地磁极性的这种倒转，平均每50万年发生一次，而最近一次的翻转发生在78万年前。人们不禁担心，地球磁场的又一次“大变脸”是否即将来临？

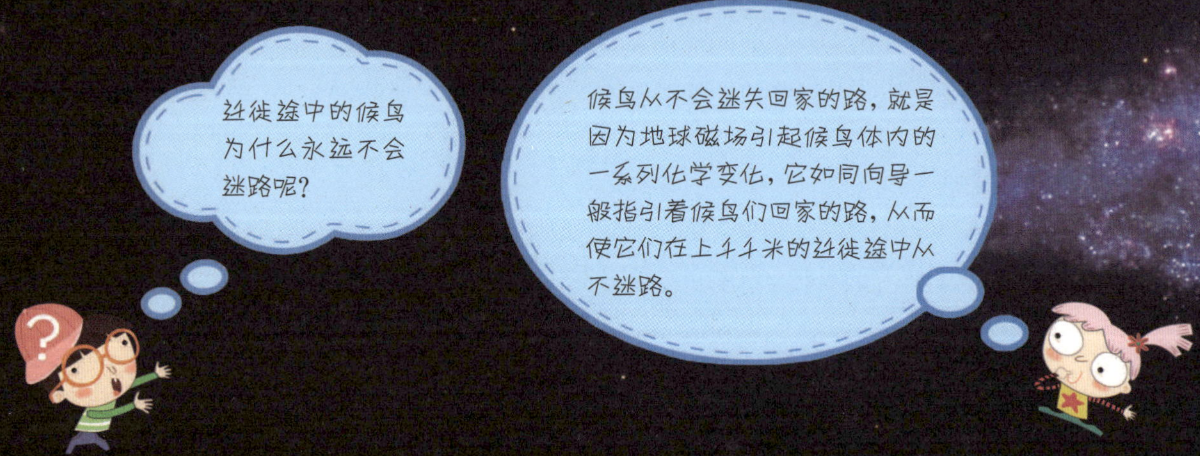

## 地球是个弱磁场

地球是一个弱磁场，一块普通磁铁的磁场强度都是它的几倍或几百倍。所以，又有科学家说：“地磁场的变化不会给我们的生活带来大的影响。即使地磁极发生翻转，也不可能出现灾难性的后果，更不会发生人类不能生存的事件。”这种说法正确吗？只能等待未来的科学家向我们揭晓答案了。

# 姐妹花——白天和黑夜

你知道为什么会有昼夜交替的现象吗?

## 姐妹花的误导

姐妹花是指白天和黑夜,“昼夜”是她俩的合称。每天,她俩都会准时向我们报到:清晨,太阳从东边升起,白天开始了;傍晚,太阳从西边落下,夜幕降临了。白天和黑夜的交替出现自古就为人们所熟悉,但是,这是怎么回事呢?

古代人认为,地球是静止不动的,太阳的东升西落和地球上昼夜的交替是因为太阳围绕地球旋转,这就是“地心说”。“地心说”被人们信奉了1000多年。

## 惊世骇俗的“日心说”

16世纪初,波兰天文学家哥白尼提出了惊世骇俗的“日心说”。他认为,处于宇宙中心的不是地球而是太阳。地球绕着太阳公转,同时自己也绕着地轴自西向东自转。自此,人们才开始了对昼夜交替现象的重新思考。

## 原来是地球自转的功劳

白天和黑夜的由来是因为地球的自转，而不是绕太阳的公转。设想一下：你沿着一个圆形跑道不断地跑，你身体的一侧，始终向着跑道的中心，而另一侧始终背对着跑道的中心。如果跑道的圆心上有一个巨大的光源，那么，你的一侧始终被这个光源照亮，而另一侧始终不能被照亮。如果要让另一侧也享受到亮光，那么，你就得把身子转一转。同理，正是因为地球一刻不停地在自转，所以，地球表面会随着其自转而进入“面向太阳”→“背向太阳”→“面向太阳”→“背向太阳”的反复循环中。当半球表面面向太阳时，这个半球上的人们就生活在白天；当半球表面背对太阳时，这个半球上的人们就生活在黑夜。由于地球自转一次的周期是一天，所以，我们每天都能看到轮流值班的白天和黑夜。

## 昼夜长短PK战

“白天”和“黑夜”两姐妹每天都在地球上争抢时间。如果“白天”赢了，那么地球上的某时某地，白天就比黑夜长。在我国，白天最长的一天是夏至。如果“黑夜”赢了，那么地球上的某时某地，黑夜就比白天长。在我国，黑夜最长的一天是冬至。如果势均力敌，不相上下，那就昼夜相等。拿我国的节气来说，春分和秋分就是它们打平手的时候。

## 宇宙的神奇现象：极昼和极夜

南、北极圈内会发生一种神奇的现象：太阳终日不落到地平线以下，一天24小时都是白天，这就是极昼。相对的，太阳终日不升出地平线，一天24小时都是黑夜，这就是极夜来临了。

每年，在南、北两极圈内，极昼、极夜交替出现。一年内大致连续六个月是极昼，六个月是极夜。极昼发生时，如果碰上晴天，即使是午夜时刻也是阳光灿烂。而极夜降临之际，人们只能看见星星在黑洞洞的天空闪烁。

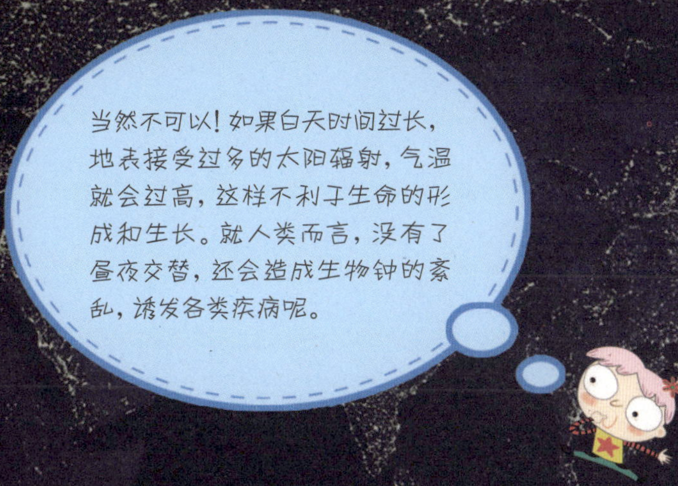

## 白天不懂夜的黑

当中国是白天的时候，加拿大、美国、墨西哥、巴拿马、古巴、牙买加、海地等国基本上都是黑夜。为什么呢？因为地球总是自西向东转，所以，东半球（我国）总比西半球（上述国家）先看到太阳，我们白天的时候，它们那里是夜晚。

当我们在上海看到太阳升起时，居住在新加坡的人要再过半小时才能看到太阳的脸，睡梦中的伦敦人则要再过8小时才能跟太阳说“Hello”呢！

# 孕育生命的海洋

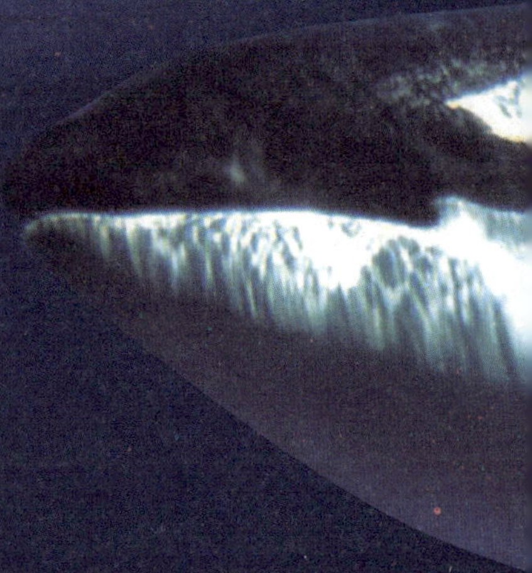

海洋为什么是最先孕育生命的摇篮？

众所周知，我们的地球之所以有生命存在，是因为我们这个星球有生命呼吸所必需的氧气。同时，在地球上空的大气层中有一层臭氧层，它将宇宙空间中大量对生命有害的辐射和紫外线都吸收了。

然而，38亿年以前，大气中没有氧气，也没有臭氧层，大量的紫外线可以直达地球表面，陆地上就不可能出现生命。而当时的海洋，因为有了海水的保护，生命开始在海洋里孕育、诞生。先是有了低等单细胞生物，后来又有了藻类，藻类在阳光下进行光合作用，产生出氧气。经过亿万年的积累，大气中又形成了臭氧层。此后，生物才开始从水中登上陆地，陆地上开始变得生机勃勃。

## 海洋的纪录

海洋约占地球面积的71%，海洋中的水量占地球总水量的97%。所以，地球更像一个蓝色的星球。

全球的海洋有大有小，最著名的是四大洋：太平洋、大西洋、印度洋和北冰洋。其中，“老大”是太平洋，它是世界上面积最大的海洋。

海洋的平均深度为3000多米，最深处超过10000米。你知道10000米要跑多久吗？我国的世界长跑冠军王军霞曾经跑出的世界纪录是29分31秒78，将近半个小时。

海水的平均温度为20多摄氏度，与我国大部分地区春天和秋天的温度差不多，但海水温度最低可达-2℃，最高可至30℃。

海洋中的生物众多，目前人类已知的海洋生物达20多万种，而这一“人口普查”工作还没有结束，还有很多生命等着我们去发现及了解。

## 海洋并不安分

海底常闹地震，火山也喜欢在下面活动筋骨。在它们的带领下，海啸、巨浪、海洋风暴等也常常出来捣乱。人类在这些自然现象面前，显得特别渺小。

## 海洋将成为人类21世纪的药库

目前，人类发现可以治病的海洋生物超过千种，仅在我国近海，就有700余种之多。

**海带** 能治疗肾病。

**珍珠** 可以镇静安神、清肝明目、解毒生津。

**鲍鱼** 它的外壳可以治疗肝、肺风热，清除内胀。

**牡蛎** 它的体内含有一种抗生素，能对抗肿瘤。

**海参** 它能抑制肿瘤。

**夏威夷的一种珊瑚** 可治疗白血病、高血压。

**鲨鱼** 它的血清能杀伤肿瘤细胞。

## 海洋杀手——鲨鱼

鲨鱼是个庞然大物，可长到10米长，10吨重。作为海洋杀手，鲨鱼身手敏捷，甚至比老虎还技高一筹。鲨鱼在水里游得飞快，能凭一滴血追踪到几千米以外受伤的动物。鲨鱼的牙齿多而锋利，几百颗牙齿排成5～6排，而且不断地在更换新牙。它们能咬破船只、咬弯铁器，能吞掉体积庞大的海豚、海狮、海龟和其他鱼类，甚至人。

鲨鱼喜欢吃肉，凶狠残暴。它们在抢夺食物时，常常不分青红皂白，甚至连自己的亲生孩子——鲨仔也吃掉。当一条鲨鱼被其他鲨鱼所误伤而挣扎时，它就要倒霉了。它的众多兄弟会一起把它杀死，然后吃掉它；甚至，人们通过解剖发现，有的小鲨仔还在妈妈肚子里时就互相残杀，让人瞠目结舌。

## 海中智多星——海豚

人是世界上最聪明的动物。那么，亚军是谁呢？猴子吗？NO！是海豚。成年海豚的智力可以跟三四岁的小孩一比高下。海豚经过训练后，可以进行各种杂技表演，如顶球、钻火圈，还可以模仿人说话，训练有素的海豚能说700个英语单词。

## 深海打捞员——海狮

海底有一种动物，因为长得像狮子，吼声也像狮子，所以被命名为“海狮”。它们是潜水行家，能长时间潜入人类无法潜入的深海。经过训练的海狮，还能替人类打捞深海物品哦。

最初，海水不是咸的，而是酸的。经过亿万年雨水的冲刷，陆地和海底岩石中的盐类物质不断被溶解，不断地汇集于海水中，才变成了今天咸咸的海水。

# 大自然的宠儿——岩石

你知道哪些是岩石家族中的“贵族”吗？

岩石是矿物的集合体。岩石家族的成员众多，形态、结构、颜色各异，有色泽美观、用作建筑石料的花岗岩，也有无色透明、呈六角柱状的石英岩，还有通过风化、侵蚀、搬运、堆积等作用形成的沉积岩……

岩石家族也不乏贵族成员。

**钻石** 俗称的金刚石，有白、蓝、绿等多种颜色，其中以无色透明的钻石最常见。它常常被用作爱情和婚姻的信物。

**刚玉** 红色的刚玉俗名红宝石，蓝色的刚玉叫作蓝宝石。

**蛋白石** 色泽美丽的蛋白石在明清时期是宫廷里的珍宝。

**水晶** 又称为水玉或水精，古代的达官贵人喜欢佩戴它，认为它能招财进宝、趋吉避凶。

**翡翠** 是玉的一种，也称翡翠玉、翠玉、硬玉、缅甸玉，颜色呈翠绿色（称为翠）或红色（称为翡）。

## 比金字塔更神秘的卡纳克石阵

在法国布列塔尼半岛的城镇卡纳克，有一个神秘的地方。几千根石柱默默站立在长达8千米的范围内。这些巨石中最高的超过20米，重达几百吨，它们或直线站立，或平行排列。这就是著名的卡纳克石阵。

经考证，卡纳克石阵是几千年前被竖立的。它们有什么用途呢？偶像崇拜？墓碑群？月亮观测石？能使不孕妇女怀孕的魔石？真可谓众说纷纭，但至今仍然没有一种说法能让所有人信服。

更令人惊奇的是，古人是如何把如此沉重的花岗岩竖立在指定位置的呢？难道是借助一种神秘的力量吗？

聪明的现代人绞尽脑汁，但还是难以破解卡纳克石阵的奥秘。像金字塔一样，它为人类留下了又一个不解之谜。

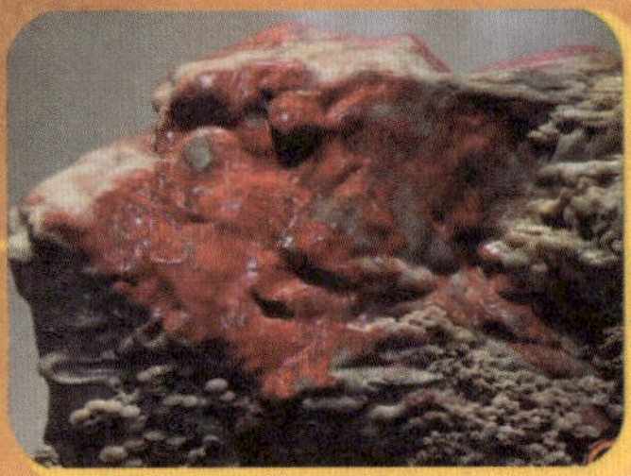
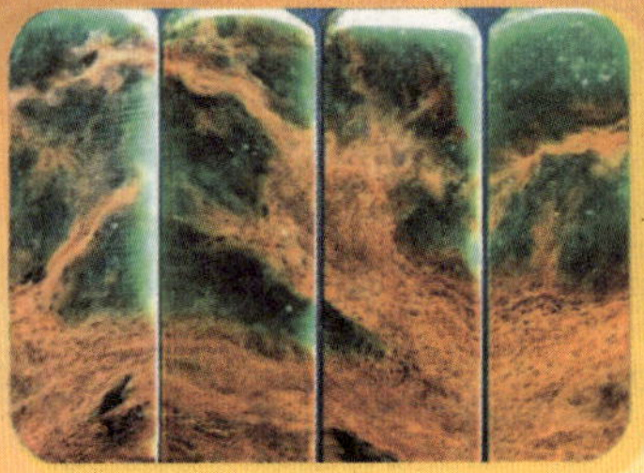
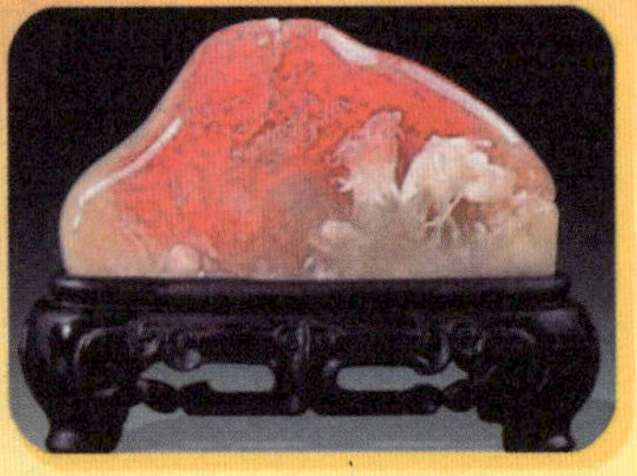

## 文人墨客的最爱——印章石

我国有四大著名的印章石：寿山石、青田石、昌化石和巴林石。这些石头质地不一，品种繁多，色泽也各有千秋。经过民间雕刻艺人巧夺天工的双手，它们变成了美轮美奂的印章石，备受文人墨客的喜爱。

## 石头上留下的千古绝唱：乐山大佛

乐山大佛，是世界上最大的石刻弥勒佛坐像。大佛依山凿成，头与山齐，正襟危坐，足踏大江，双手抚膝，神情肃穆。大佛高71米，其手指就长约8米，一个脚背可容纳几十人同时站立。

乐山大佛修建于唐代，距今已有千年之久。相传，1300多年前，这个地方水势凶猛，常常造成船毁人亡的悲剧。一个叫海通的高僧云游到此，得知情况后，就决定化缘修建大佛镇江。当地的官吏见海通募集到了这么多钱，很眼红，就让海通缴纳“保护费”。海通严词拒绝，说：“我就是挖了自己的眼睛，也不能把钱给你们。”说着，他真的就把自己的双眼挖了出来，吓得来拿“保护费”的官吏们落荒而逃，再也不敢提钱的事。90年后，乐山大佛终于修成。

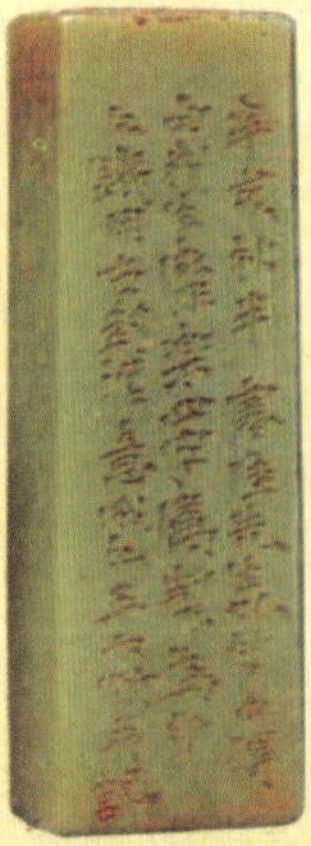

## 艺术的瑰宝——石窟

我国有三大著名佛教石窟，分别是：敦煌的莫高窟、洛阳的龙门石窟和大同的云冈石窟。这些石窟都是在岩石上开凿洞穴、雕刻佛像和佛塔的。

有“东方卢浮宫”之称的敦煌莫高窟是世界上现存规模最大的佛教艺术圣地。敦煌莫高窟现有735个洞窟，洞窟内有大量精美的塑像和壁画，被誉为20世纪最有价值的文化发现。

河南洛阳的龙门石窟使用石灰岩建造，有数以万计的石窟龛、石佛塔、石刻雕像。远远望去，石窟如同一个巨大的“蜂巢”静静地伫立在伊水河的西岸。

山西大同的云冈石窟采用砂岩制作。最出名的是它那50000多个石刻雕像。这些雕像最高的达17米，最小的才几厘米，个个形态逼真、神采动人。

# 大地母亲的皮肤——土壤

你知道为什么人们把土壤称为“生命之母”吗？

土壤是指覆盖于地球陆地表面、具有肥力特征、能够生长绿色植物的疏松物质层。土壤是万物生息繁衍的基地，它为植物提供营养，为一些生物（如细菌、藻类、蚯蚓、鼹鼠等）提供躲避高温、干燥和阳光直射的安乐窝。

土壤也是人类的家。我们不仅在土地上居住，还通过土壤获取粮食、蔬菜等生活必需品。土壤让人类有了食物。

所以，土壤是地球上生命成长的家园。

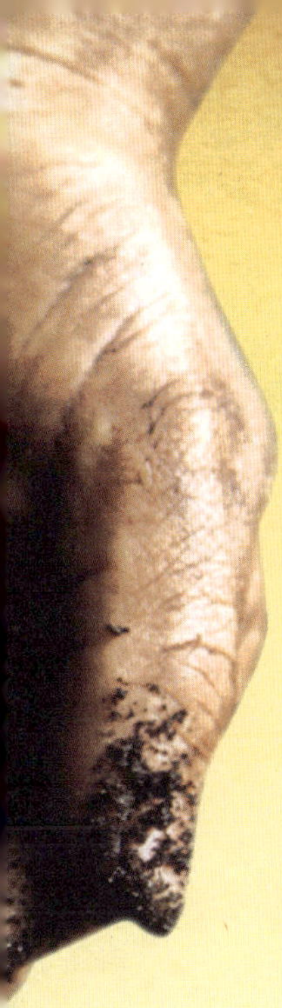

## 石头是土壤的祖先

几十亿年前，地球还非常年轻。那时候，地球陆地表面没有土壤，只有岩石，大地毫无生气，一片荒凉。随着时间的推移，土壤的祖先——石头，因为受到忽冷忽热的温度变化以及风吹、日晒、雨打、冰川的作用，开始了一系列变化：石头从山下滚落下来，大石头变成小石头，小石头变成小石子，小石子变成小沙子，小沙子最后变成了泥土。这就是风化的过程。

接着，微生物、苔藓以及更高级的生物相继诞生了。它们活着的时候，积极“劳动”，比如有些植物吸收空气中的氮，使泥土里有了氮；它们死后，植物的腐殖物使泥土渐渐肥沃和疏松起来，就这样，泥土终于变成了土壤。

## 踩在脚下的“不定时炸弹”——被污染的土壤

土壤很容易被污染，被污染的土壤能把疾病传染给人类。比如，结核病人如果随地吐痰，痰液里数不清的结核杆菌就会居住在土壤里，即便水分蒸发，病菌也能在干燥又细小的土壤颗粒里存活很长一段时间。被污染的这些带菌土壤颗粒，被风带入空中，人如果呼吸到这样的空气，就会成为结核病的俘虏。

受污染的土壤还会污染河流、湖泊和地下水，通过雨水的冲刷、携带和下渗，水源很容易就被“玷污”了。人如果喝了这样的水，轻则会生病，重则会中毒，甚至死亡。

## 土壤家族的老实人——任人捏弄的黏土

土壤家族中有一类老实人，叫黏土，它很好摆弄。所以，人类喜欢随意捏弄它。比如，人们把它捏成各类形态各异的生活器具，再用火烧使之定形，就制作成陶器，如陶碗、陶壶、陶缸、陶杯、陶瓶、陶盆、陶罐、陶鼎等。

黏土也可以被制成各类艺术品，如唐三彩及近代的“泥人张”彩塑。

唐三彩是一种盛行于唐代的陶器，因色调以黄、褐、绿为基本色，所以俗称“唐三彩”。它是一种造型生动逼真、色泽艳丽和富有生活气息的工艺品，是我国古代陶器中一颗璀璨的明珠。

“泥人张”彩塑，是指近代天津艺人张明山及其后人创作的彩绘泥塑艺术品。它不仅是天津一绝，也是我国工艺美术领域的一朵奇葩。创始人张明山技艺精湛，顷刻便可为人完成捏像。

## 土壤家族中的无价之宝——瓷土

瓷土，又称高岭土，是土壤家族中的无价之宝。它是制作精美绝伦的瓷器的原料。

中国的瓷器，享誉海内外。其中，尤以“瓷都”景德镇制作的青花瓷最为有名，不仅色泽青翠欲滴、经久不褪，而且纹样清新明丽、幽静雅致。它被誉为“人间瑰宝”，价值连城。2005年，元代的一个青花瓷“鬼谷下山罐”被拍出了2.3亿元人民币的天价，为史上最贵的瓷器之一。

## 黑土——土中之王

在五颜六色的土壤中，黑土是土中之王，是土壤中最肥沃、土质最疏松、最适合种植庄稼的土壤。我国东北地区就有大量的黑土，约占全球黑土面积的五分之一。当地人说：“黑土地油汪汪，不上肥也长粮。”黑土上盛产大豆、玉米、水稻等粮食。

# 地球的至宝——矿物

世界上还有液态和气态的矿物吗?

矿物是指由地质作用形成的天然物体，它们有固态、液态和气态之分。目前，地球上已知的矿物有3000种左右，我们熟悉的石油、天然气、水晶、琥珀、玛瑙、玉、金刚石、红宝石、蓝宝石、石英、孔雀石、大理石、水银、胆矾、钨华等都是矿物。它们千姿百态，颜色各异，大小不一，都是地球的至宝。

## 金刚石的守护神——毒蛇

很久以前，有一位国王攻打印度后，在印度的一个深坑中发现了金刚石，但这些金刚石被毒蛇盘绕。国王命令士兵将毒蛇烧死，几经周折后，才得到了金刚石。从此，就有了毒蛇是金刚石守护神的传说。

其实金刚石在黑暗的地方会发出蓝、绿、黄等荧光，这些荧光吸引了许多爱光的昆虫，昆虫又引来大量的青蛙，而青蛙又招来了许多毒蛇。环环相扣，这就是有金刚石的深谷中多毒蛇的原因。

## 钻石的硬度

金刚石俗称"金刚钻"，也就是我们常说的钻石。它是一种由纯碳组成的矿物。把任何两种不同的矿物互相刻划，两者中必定会有一种受到损伤。但是，有一种矿物能够划伤其他一切矿物，却没有一种矿物能够划伤它，这就是金刚石。

为什么金刚石会有如此大的硬度呢？1913年，英国物理学家威廉·布拉格和他的儿子对此做出了回答。布拉格父子用X射线观察金刚石，研究金刚石晶体内原子的排列方式。他们发现，在金刚石晶体内部，每一个碳原子都与周围的4个碳原子紧密结合，形成一种致密的三维结构。这是一种在其他矿物中都未曾见到过的特殊结构。而且，这种致密的结构，使得金刚石的密度为每立方厘米约3.5克，大约是石墨密度的1.5倍。正是这种致密的结构，使得金刚石具有最大的硬度。

## 贞洁少女的泪珠——水晶

水晶一直深受人们的喜爱，它不仅是女性爱不释手的饰品，也是家居装饰的宠儿。人们喜爱水晶，称赞它是"贞洁少女的泪珠"。不同的水晶，有不同的象征意义。如无色水晶代表纯洁、无私，紫水晶代表浪漫等。

## 荣膺"玉石"桂冠的玛瑙

自古以来，玛瑙就被人们视为美丽、幸福、吉祥、富贵的象征，因其兼具瑰丽、坚硬、稀有三大特征，从而荣膺"玉石"桂冠。玛瑙的形成过程十分漫长，大约长达1亿年。世界上玛瑙的著名产地有中国、印度、巴西、美国、埃及、澳大利亚、墨西哥等国。

## 生命活化石——琥珀

琥珀是大自然的杰作，主要产于白垩纪或第三纪的沉积物中，号称“生命的活化石”。为什么这么说呢？这是因为要形成一个琥珀，至少需要1500万年以上。松树的树脂滴到地下，裹住水滴、树叶或正好从下面经过的虫子，再经过亿万年时间的历练，就形成了美轮美奂的琥珀。

琥珀的品种很多，里面有虫子的是虫珀，有水滴的就是水珀。

琥珀是探索过去久远世界的一扇窗户。通过琥珀，人们不仅可以看到史前的生物，还能得到许多远古时代的信息。

琥珀中比较贵重的品种是“琥珀藏蜂”。它个体大，里面的昆虫多而清晰，栩栩如生。

## 石中之王——玉

玉备受人们的喜爱，经过能工巧匠加工雕琢的玉，往往价值连城。其中，玉中最名贵的是翡翠。

中华民族是个爱玉的民族，古代的达官贵人都要佩戴玉。他们认为，玉不仅是高贵的象征，还可以让人延年益寿。因此，玉经常被雕琢成各类物品，如玉锁、玉扳指、手镯、挂坠等，供人们佩戴或使用。现代研究表明，玉石含有锌、镁等对人体有益的微量元素。

金刚石是自然界中最坚硬的物质。依照摩氏硬度标准(Mohs hardness scale)，钻石(金刚石)硬度为最高级第10级，如小刀的硬度约为5.5，铜币的硬度约为3.5至4，指甲约为2至3，玻璃的硬度为6。

# 特殊的地层档案——化石

世界上真的有龙的骨头吗?

我国古代的书籍中早就有关于化石的记载。如春秋时代的计然和三国时代的吴晋，这两个人都曾提到山西省曾出产“龙骨”。“龙骨”当然不是真的“龙”的骨头，而是古代脊椎动物的骨骼和牙齿的化石。

## 最坚硬的部分

生物体柔软的部分比如肌肉或表皮很容易被腐蚀，而坚硬的部分则能抵抗风化和侵蚀。在漫长的岁月中，那些坚硬的部分，如蟹的壳、蜗牛的“房子”、鱼的牙齿和骨骼、植物的枝干等慢慢地被周围沉积物的矿物质所渗入、取代，最终变成了化石。

## 猜测“神秘”的力量

公元前400年，亚里士多德认为化石之所以被嵌埋在岩石中，是由于地球内部神秘的力量塑造的结果。

公元前350年，亚里士多德的学生狄奥佛拉斯塔认为，化石是由埋在岩石中的种子和卵发展而成的。

在黑暗的欧洲中世纪，人们解释化石是魔鬼的创造和设计，以此来迷惑人类。

大约在15世纪初，人们把史前生物的化石，看成上古时代的大洪水的遗迹。

## 出色的“防腐剂”

只有动植物的尸体被某种相当于“防腐剂”的物质迅速地埋藏起来，才有可能变成化石。

**软泥**　海生动植物死亡后沉在海底，被软泥覆盖，软泥在后来的地质时代中慢慢变成岩石，而动植物则变成了化石。在德国，有些岩石中很好地保存了侏罗纪时代的鸟、昆虫和水母。如果把一块昆虫化石折断，里面甚至还有软组织流出。

**火山灰**　火山灰足以覆盖整片森林，把它们变成一座“化石森林”。在那里，你还可以见到依然站立的树，它们以很好的姿态被保存下来。

**焦油沥青**　焦油沥青能像陷阱一样将野兽捕获，并且迅速掩埋。洛杉矶的兰乔·拉布雷沥青湖以其中的骨化石而闻名于世，被发现的骨化石包括长着锐利牙齿的野猪、巨大的陆地树懒以及一些已经灭绝的动物。

**冰或冻土**　在阿拉斯加和西伯利亚这两个地区的冻原上，发现了大量的猛犸遗体。这些多毛的巨兽有的已被埋藏达25000年。

**饱含油气的土壤**　在波兰东部饱含油气的土壤中，发现了保存完好的动物鼻角、前腿和部分表皮，这些组织都属于一种已经灭绝的犀牛。

**琥珀**　古代的昆虫在一次“意外事故”中，被某些针叶树分泌出来的树脂粘住。这些胶汁还在不停地外流，可怜的昆虫完全被包裹起来。当树脂硬结后，经过一系列变化就变成了“琥珀”，昆虫便永远留在其中。

## 恐龙的足迹

恐龙足迹是由恐龙脚丫儿“踏”出来的化石，它有着恐龙骨骼化石无法替代的作用。这些足迹不仅能反映恐龙日常的生活习性、行为方式，还能解释恐龙与其生活环境的关系，这些都是古生物学家梦寐以求的宝贵信息。

世界上最著名的恐龙足迹化石，发现于美国得克萨斯州索美维尔县罗斯镇附近的帕卢西河床中的晚白垩纪石灰岩中，年代大约为距今1.1亿年前。留有恐龙足迹的大块石灰岩板被搬运到博物馆中。人们通过这种巨大的爬行动物的足的大小和形状，来推定它的身长和体重。

已知的世界上最大的恐龙足迹发现于美国的科罗拉多州，时代为侏罗纪晚期，是由美国的恐龙足迹专家伯德发现的，那是一个蜥脚类恐龙留下的足迹。整个足迹大得惊人，完全可以让一个六岁的小孩在里面洗澡。最小的恐龙足迹是由一位业余恐龙爱好者在加拿大的新斯舍省侏罗纪早期地层中发现的，整个足迹还不到2.54厘米长。

# 地壳内部的“原子弹”——地震

你知道大地为什么会震动吗？

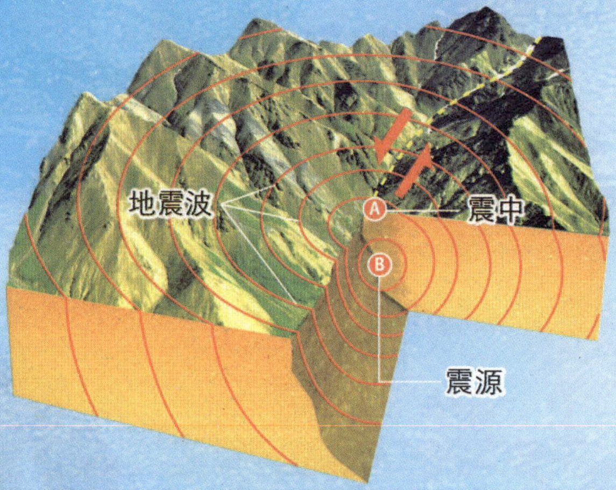

## 破坏性地震一般为浅源地震

震源就是地壳内部发生地震的部位。震源投影到地面的点就是震中所在的位置。震中与震源的距离，称为震源深度。根据震源深度的大小，地震可分为三类：浅源地震、中源地震和深源地震。震源深度在60千米以内的叫浅源地震，在60～300千米之间的为中源地震，在300千米以上的为深源地震。一般，震源深度越浅，破坏性越大，但波及范围越小。

由于地壳内部处于不停地变化中，当岩层发生急剧的变形、断裂、错动时，会产生地震波。地震波从震源向四周传播，引起地面快速振动，就形成了地震。

## 地震时人先感到上下颠动

地震时，人在感到大的晃动之前，首先感到上下跳动。这是因为地震波从地下传来，纵波先到达地面，使地面上下振动。接着，横波传来，产生大幅度的水平方向的晃动。这种晃动使得建筑物倒塌，造成地震灾害。1960年智利大地震时，晃动持续了3分钟左右。

## 全球的地震带

地震大多分布在地壳不稳定的部位，特别是板块之间的消亡边界，这些地震活动活跃的地带被称为地震带。全球最主要的地震带主要分布有环太平洋地震带、地中海—喜马拉雅地震带、海岭地震带等。环太平洋地震带是地球上地震最活跃的地区，集中了全世界80%以上的地震。

## 震级与能量

地震的震级是根据地震时释放的能量大小而定的。释放的能量越多，震级就越大。

目前，人类记录的震级最大的地震是1960年5月21日智利发生的9.5级地震。这次地震所释放的能量相当于一颗有1800万吨当量的氢弹爆炸，或相当于一个100万千瓦的发电厂40年的发电量。

2008年5月12日，我国汶川特大地震所释放的能量大约相当于有90万吨当量的氢弹爆炸，或100万千瓦的发电厂2年的发电量。

## 全球地震之最

**震级最大的地震** 迄今为止，人类记录到的震级最高的地震是1960年5月21日的智利9.5级地震。

**死亡人数最多的地震** 造成人员伤亡最多的是1201年地中海东部的大地震，死亡人数高达110万人。

**引起最大火灾的地震** 1923年9月1日日本关东8.3级地震，引起的大火烧毁东京房屋36.6万户，死亡和失踪者高达10.8万余人，其中3.8万人死于火灾。

**有历史记载的最古老的地震** 公元前23世纪尧舜时代，发生在蒲州（今山西省内）的地震，被记载于《太平御览》。

**21世纪引起最大海啸的地震** 2004年12月26日发生在印度尼西亚苏门答腊以北海底的8.7级地震，引起了大海啸，造成印度尼西亚、泰国、印度、斯里兰卡等国家共23.2万人遇难。

**引起最大水灾的地震** 1786年6月1日发生在中国康定南的7.5级地震，造成山体崩坍，滑坡体堵塞了大渡河，形成“堰塞湖”。10天后决口，发生特大洪水，造成几十万人死亡。

## 地震能预报吗

地震预报是当代科学难题之一。当今世界上还没有一个可靠的途径和手段能够准确地预报所有破坏性地震。不过，我国政府曾对1975年2月4日海城7.3级地震发布预警，让人们提前做好了防震减灾的准备。

## 大地震可能出现的前兆

**地下水异常** 如井水突然出现升降或发浑、发出响声、变味、冒泡等异常情况。

**动物异常** 如老鼠搬家往外逃，鸡飞上树猪拱圈，鸭不下水狗狂叫，冬眠麻蛇早出洞，鱼儿惊慌水面跳。

**地光和地声** 地震前夕或地震时，从地下或地面发出的光亮及声音。

**气象的变化** 如天气骤冷、骤热，出现大旱、大涝。

**电磁场的异常变化** 地震前在地面可以观测到电场、磁场的异常变化和电磁辐射，卫星资料也显示地震前存在电磁场异常的情况。

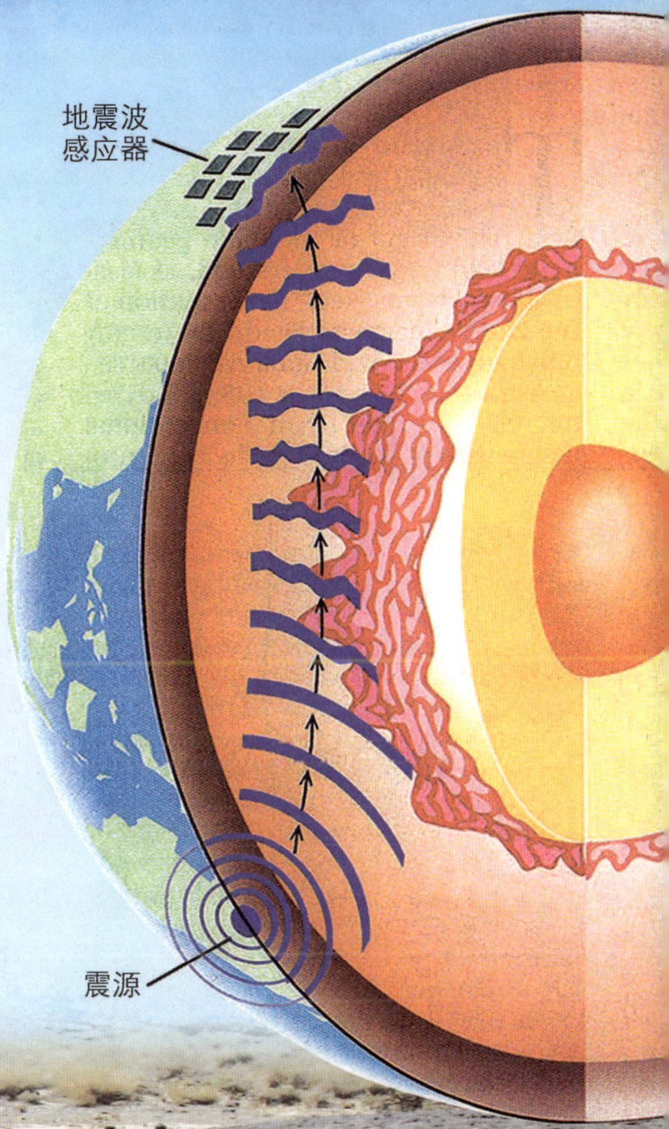

# 地球上最强大的自然力——海啸

海啸是一种具有强大破坏力的灾难性海浪。海底地震、火山爆发和地壳塌陷等都会激起海洋巨浪，伴随着惊天的怒吼声，这些巨浪涌向海湾、海港、海岸，形成狂涛骇浪，这就是海啸来了。

## 地球上最强大的家伙

海啸被誉为“地球上最强大的自然力”。海啸来临时，会发生哪些情况呢？当海啸进入陆地后，波浪形成数十米高的“水墙”，一路杀气腾腾，所向披靡，怒吼着将沿海的庄稼、房屋、城市、村庄、动植物，包括我们人类全都吞没、卷走。海啸离开后，海滩及沿海陆地一片狼藉，到处是残木破板和人畜尸体。

## 史上致命大海啸

公元前1500年，古希腊火山爆发，引发海啸，造成10万或更多的人死亡。

1755年，葡萄牙因海底地震引发海啸，葡萄牙里斯本的死亡人数达6万人。

1883年，印度尼西亚因火山爆发，引发巨大海啸，仅爪哇和苏门答腊岛就有165个村庄被冲走，死亡人数达3.6万人。

1908年，意大利因地震引发海啸，海啸中死亡8.2万人。

1960年，智利9.5级地震引发海啸。海啸使智利半个城市成为瓦砾，1万多人丧生。

2004年，印度尼西亚因强达9.1～9.3级的大地震引发印度洋海啸，造成22.6万人死亡，200多万人无家可归。

2011年3月，日本宫城县以东发生9.0级特大地震并引发海啸，造成2.6万人死亡和失踪，并导致核泄漏事件。

## 谁给了海啸如此大的超能量

拿海底地震引发的海啸来说，当海底发生地震时，海底的部分地壳被撕裂，接着海底猛然上升或下沉，造成从海底到海面的整个水层发生剧烈“抖动”。地震释放的能量传递给海水，到达浅海区域时，海水形成高达几米至几十米的海浪，而且继续向海岸边冲去。

## 海啸能预测吗

根据目前已有的科学技术水平，人类还不能预测海啸。这是因为人们还不能准确预报海底地震的发生时间。另外，并不是所有海底的强地震都会引发海啸的。一般来说，只有25%左右的海底强地震会引发海啸。因此，海啸预测的重任还落在同学们的肩上。

## 海啸来临时可能出现的前兆

海啸虽然不能预测和预报，但是当我们遭遇到以下情形时，就要注意，有可能海啸这个凶狠的家伙快来了。

地面强烈震动或听到大地不停发出隆隆的巨大响声。

海水突然撤退到离沙滩很远的地方，裸露出大面积的沙滩，海滩看起来比平时大很多。

动物出现奇怪的举止：它们可能突然离开居所，或聚集成群进入通常不会去的地方。

## 让人惊悚的海啸电影

**中国海啸电影** 《超强台风》。

**美国海啸电影** 《后天》

《惊天海啸》。

**英国海啸电影** 《水啸雾都》。

**日本海啸电影** 《日本沉没》。

## 海啸救生锦囊

如果当我们旅行时不幸遭遇海啸，该怎么办呢？不用担心，送给你一个非常有用的救生锦囊，里面包含以下几条妙计：

◆快速逃离海岸。

◆不要为携带财物而浪费时间，以最快的速度跑向内陆地区或更高的地方，离海岸越远越好。

◆如果发布海啸预警时，你正坐在航船上，千万别急着“回港”，应赶快将船只行驶到开阔的洋面上。

◆如果不幸被卷进水中，千万不要慌张，请抓住这些救命的“稻草”，如救生圈、门板、树干等，并等待救援。

◆随时与外界保持联系，不要轻信谣言，并坚定信心，保持体力。

# 善于伪装的暴力分子——火山

地壳深处有一个“液态区”，里面是温度极高的岩浆。岩浆一旦从地壳薄弱的地方冲出地表，就形成了火山。火山喷发时，威力无比，无坚不摧。其喷出的大量火山灰等固态物质一旦遇到暴雨，就会形成泥浆，既而变成强大的泥石流，冲毁道路，吞没附近的乡村和城市，像洪水一般，以迅雷不及掩耳之势吞没所到之处的一切。

## 死火山

死火山是指史前曾经喷发过的火山，但自从人类在地球上生息繁衍后，就再没有出来舒展过筋骨。地球上已知的死火山有2000多座。这类火山因长期不运动，已经失去了威力。有的火山仍保存着完整的火山骨架；有的则被风侵蚀得越来越小，只剩下残缺不全的身子。非洲东部的乞力马扎罗山、中国山西大同火山群等均为死火山。

## 休眠火山

有的火山虽然曾经喷发过，但因为长期以来比较安静，容易被误判死刑。这些假装死去的火山哪天要是结束休眠，突然苏醒，就会向地表发难，一“喷”而不可收拾。比如意大利的维苏威火山，过去一直被认定是死火山，所以人们在火山脚下建起城镇，在火山坡上开辟了葡萄园。然而在79年，该火山突然醒来，高温的火山喷发物湮没了毫无防备的庞贝古城和赫拉古农姆古城，城中的居民未能逃脱劫难。

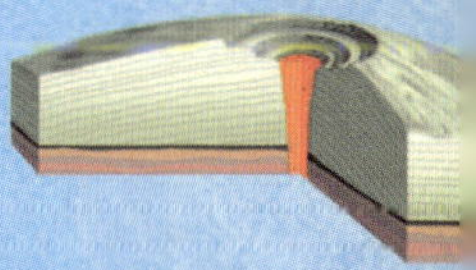

## 活火山

那些时不时要出来作祟，或者预计在以后还要出来兴风作浪的火山被人们称为活火山。墨西哥的科利马火山、哥伦比亚的加勒拉斯火山都是世界上著名的活火山。地球上所有的活火山，平均每年会爆发50多次，其中大部分发生在海底和人迹罕至的群山中。

## 全球七大活火山

美国华盛顿州的圣海伦斯火山
美国夏威夷的基拉韦厄火山
美国夏威夷的冒纳罗亚火山
冰岛的拉基火山
意大利的维苏威火山
意大利的埃特纳火山
厄瓜多尔的桑盖火山

## 大自然的鬼斧神工之作——恩戈罗恩戈罗火山口

位于坦桑尼亚的恩戈罗恩戈罗火山口堪称是大自然的鬼斧神工之作。它深达600多米，火山口的直径为18千米，面积达254平方千米，底面积为260平方千米，活像一口直上直下的巨井。它是世界第二大火山口，在地球上笑看云卷云舒，至少已有250万年了。它已经沉睡了25万年，所以在这口“井”里，犀牛、大象、狮子、长颈鹿、水牛、斑马等几万头动物惬意地生活着，活像个热闹的动物园。

## 火山送给大自然的礼物——间歇泉

间歇泉是指间断喷发的温泉。它被人们称为“地下的天然锅炉”，是火山喷发后期的一种自然奇观。

地下高温的岩浆将地下水加热，在地壳内部的高压下，水和蒸汽就会从喷口处冲出，形成的水柱直指苍穹，当压力减小时便不再喷发，恢复平静。这就是间歇泉的基本原理。

美国黄石公园里有一个叫作“老实泉”的间歇泉，特别漂亮、有趣。它喷出的水柱可高达180米，沸水散发出的水雾像一团洁白的云挂在蓝天上。这个间歇泉不仅喷发猛烈，而且特别遵守时间，总是每隔1小时左右喷发一次，从不提前，也从不迟到。所以它才得了“老实泉”的美名。后来，因为地震使老实泉发生了变化，它就不如从前那么遵守时间了。

# 太阳带来的礼物——气候与四季

## 气候不是天气

天气是指一个地区很短时间内气温、压强以及风云、降水等的状况。气候是地球上某一地区多年来大气的一般状态,时间尺度可以是月、季、年、数年到数百年以上。因此,气候是一个时段内各种天气过程的综合表现。

## 气候的原意为“倾斜”

“气候”一词来源于古希腊文,意为“倾斜”。各地气候的不同主要是由于地球绕太阳转的时候,地球上每个地方会受到不一样的太阳光照,这种变化恰恰与太阳光线的倾斜程度有关。

## 四季的划分

我国春秋时代，人们就用圭表测日影来确定季节。秦汉时期，我国有了二十四节气、七十二候的完整记载。我们的祖先以“四立”作为开始，划分四季。立春到立夏为春季，立夏到立秋为夏季，立秋到立冬为秋季，立冬到立春为冬季。

## 中国冬季最冷和夏季最热的地方

我国冬季最冷的地方是黑龙江的漠河镇，那里曾经出现过-52.3℃的极端低温。而我国夏季最热的地方是新疆维吾尔自治区的吐鲁番地区，人们称其为“火洲”。2010年6月，吐鲁番艾丁湖区域自动站测得最高气温达50.0℃。

## 气候的变迁

公元前3000年至公元前1000年的温暖时期，河南安阳的殷墟已有水牛和野猪等热带、亚热带动物生存。据甲骨文记载，人们打猎时曾捕获一头象。河南安阳殷墟地区还出土了象化石，这说明象是当地土生土长的。河南原称豫州，甲骨文“豫”字就像一个人牵着一头大象。

## 大自然的晴雨表

气候是大自然的晴雨表。由于太阳辐射在地球表面分布的差异，全球气候带大致呈带状分布，包括赤道带、热带、亚热带、温带、亚寒带、寒带。由于海洋、陆地等不同性质的下垫面因素，全球气候又具有明显的地域性特征，主要包括以下类型：

**热带雨林气候** 主要分布在赤道两侧南北纬10°之间，比如南美洲亚马孙平原的热带雨林区及非洲刚果盆地的热带雨林区。这里常年高温多雨、潮湿闷热，天气单一，无明显的季节变化，适于多种植物生长。

**热带季风气候** 主要分布在北纬10°至25°之间的大陆东岸，比如印度半岛与中南半岛的大部分地区。这里终年高温，旱雨季明显，降水集中在雨季且降水量大，盛行热带气旋（即台风）。

**热带草原气候** 主要分布在南北纬10°至南北回归线之间，比如非洲中部、南美巴西大部、澳大利亚大陆北部和东部地区。这里全年高温，分明显的干湿两季，植被以热带草原为主。

**热带沙漠气候** 主要分布在南北回归线附近的大陆内部或大陆西岸，比如非洲的撒哈拉沙漠地区。这里干燥酷热，降雨稀少，蒸发强，温差大，植物种类稀少。

**地中海气候** 主要分布在南北纬30°至40°之间的大陆西岸，比如欧洲的地中海沿岸地区。这里夏季炎热干燥，冬季温和多雨。

**亚热带季风气候** 主要分布在北纬25°至35°之间的大陆东岸，比如中国东南部地区。这里四季分明，夏季高温多雨，冬季温和少雨，气候湿润，物产特别丰富。

**温带大陆性气候** 主要分布在南、北纬40°至60°之间的亚欧大陆、北美洲内陆地区和南美洲南部地区。这里冬寒夏热，年温差大，降水集中在夏季，四季分明，年降雨量少，植被以荒漠草原为主。

**温带海洋性气候** 主要分布在中纬度地区的大陆西岸，比如欧洲西部地区。这里冬暖夏凉，年温差小，全年有雨，冬雨较多；气温年变化与日变化都很小；植被以温带落叶阔叶林为主。

**温带季风气候** 主要分布在亚洲大陆的东部地区。这里夏季高温多雨，冬季寒冷干燥；冬冷夏热，雨热同期；植被以落叶阔叶林和针阔叶混交林为主。

**亚寒带大陆性气候** 主要分布在北纬50°至65°之间的亚欧大陆北部及北美洲北部地区。这里冬季漫长而严寒，夏季短暂而温暖，年降水量少，且集中于夏季。植被以针叶林为主。

**极地气候** 又称寒带气候，主要分布在地球两极地区，包括冰原气候与苔原气候两种类型。冰原气候主要分布在南极大陆和北极地区的岛屿上，这里终年严寒，积雪终年不化。苔原气候分布在亚欧大陆和北美大陆北部沿岸地区，这里全年皆冬，植被主要以苔藓为主。

# 让人又爱又恨的风

听过“靠山吃山”，你听过“靠风吃风”吗？

在我国吉林的通榆县，那里的人们就是“靠风吃风”。说到风，以前可是“通榆一大害”，有民谣为证：“通榆县，不普通，一年四季两场风，春天刮到夏，秋天刮到冬。”而今，这一害却变成了通榆的宝：他们修建了风力发电厂，“种”下了许多大风车，大风车的“叶子”被风吹得呼呼直转，把风能转化为电能，用于民用照明。通榆成为著名的“风电三峡”，不仅能满足当地人的用电需求，还能向外输电，是名副其实的“靠风吃风”县。

## 《风力歌》与风的级别

你能判断身边的风是什么“级别”吗？让我们请《风力歌》来帮忙。

零级烟柱直冲天，
一级轻烟随风偏，
二级轻风吹脸面，
三级叶动红旗展，
四级枝摇飞纸片，
五级带叶小树摇，
六级举伞步行难，
七级迎风走不便，
八级风吹树枝断，
九级屋顶飞瓦片，
十级拔树又倒屋，
十一二级陆少见，
十三四级很恐怖。

## 绿色能源——风能

风能是一种绿色能源，不污染环境，取之不尽，用之不竭。对于缺水、缺煤和交通不便的沿海岛屿、草原、山区和高原地带，因地制宜地利用风能发电，非常适合。

## 帆船的好帮手

对于帆船而言，风有两种本领。一是“拉”，当风吹过帆面时，能拉着帆船向前航行；二是“推”，当帆阻挡了风前进时，风能推着帆船向前进。所以，不管是顺风还是逆风，它们都能帮助帆船前行。

我国的帆船制造历史悠久，技术发达。早在2000多年以前，我国的帆船就能远渡到日本等地。闻名世界的郑和下西洋，比哥伦布发现新大陆早80多年，在世界航海史上也占有光辉的一页。

## 诸葛亮借“东风”

208年，曹操率20万大军进攻赤壁。孙权、刘邦结成联军，共同抗敌。精明的曹操为了克服北方将士不善水战的弱点，特意将战船连在一起。孙权的大将周瑜从中看到战机，想发动火攻，一举烧毁曹军的战船，打败曹操。但连续几天，江上都刮西北风，如果用火攻，非但烧不着北岸的曹兵，反而会烧到自己。周瑜因此气得卧病在床。此时，诸葛亮正在周瑜军中帮着出谋划策，他知道周瑜的病因，便给周瑜开了一个“药方”：“欲破曹军，须用火攻。万事俱备，只欠东风。”于是，周瑜让诸葛亮想办法“搞”来东风，诸葛亮一口答应。诸葛亮在七星坛上“作法”，“借”起了东风。到了作战那天，果然东风大起，周瑜乘机发动火攻，一举击败了曹军。

其实，诸葛亮哪里有借东风的本事，他只是熟悉赤壁的“风”情，能预测那天会刮东风而已。

## 飓风：恶魔来了

飓风原是西方神话中一个恶魔的名字，后来被用来形容12级以上的超级大风或热带气旋。在我国，飓风就是指台风。飓风具有惊人的能量，五级飓风跑得比一般的动车还快。

飓风有一个风眼，位于飓风的中心，风眼越小，飓风的破坏力就越强大，能摧毁或卷走所到之处的动植物、人和房屋。在美国历史上，最强一次飓风造成了10000多人死亡，全城被淹没，空军基地的飞机、飞艇瞬间化为乌有。

## 战无不胜的龙卷风

龙卷风是一种超级空气旋涡，它的风力比飓风还要强几倍。它外貌奇特，上部是一块乌黑或浓灰的积雨云，下部是形状如大象鼻子的漏斗状云柱。

龙卷风擅长使用“吸星大法”，它不仅能把人吸走，还能把海水、湖水吸离海面或湖面，形成一个超高的水柱，与天空中的云相连接，俗称“龙吸水”。

龙卷风的寿命很短，一般只能嚣张几分钟，最长也不会超过数小时。但是，它的破坏力很强，能拔起大树，掀翻车辆，摧毁城镇里的建筑物，危害极大。

# 天空中的漫步者——云

你能说出天空中云的姿态吗?

天空中的云，你一定不会陌生。它们既喜欢在白天出来活动，也喜欢在夜晚出来溜达。它们千姿百态，变化万千。如果你一不留神，它就会摇身一变，成为另一朵云，让你找不到它。它们常常从天的这一边，轻轻地飘到天的那一边，或大或小，或灰或白。它们变幻莫测，一会儿宛如一条金鱼，一会儿又化成一条白鲸；这边是一只蟹爪，不久变成一匹骏马；有时像蛟龙一样快速地穿山越岭，有时又像鳄鱼那样慵懒地休息片刻。它们一会儿互相碰撞，互相招手；一会儿又互不搭理，各奔东西，让人目不暇接，叹为观止。

## 看云识天气

“天上钩钩云，地上雨淋淋”：当云儿的一端带有钩钩时，预示着阴雨将临。

“炮台云，雨淋淋”：当云儿浓黑、厚实如炮台时，一般几小时后会有雷雨。

“云交云，雨淋淋”：当两块很大的云层相交在一起时，很容易下大雨。

“江猪过河，大雨滂沱”：当云儿形状破碎，看起来像一群一群的小猪仔经过银河时，明天会下起滂沱大雨。

“棉花云，雨快临”：当云儿一团团、一簇簇像破棉花絮一样飘散在天空时，将有雷雨。

“天上灰布悬，雨丝定连绵”：当云儿像厚厚的灰布时，通常会雨水涟涟。

“天上鲤鱼斑，明日晒谷不用翻”：当云儿像鲤鱼斑那样，薄薄的，一小片一小片挂在天上时，短期内仍是晴天。

“乌云接落日，不落今日落明日”：当云儿把落日“接住”时，今天或者明天就会有雨。

“西北天开锁，明朝大太阳”：当云层裂开，露出一块蓝天时，预示明天将会有大太阳。

## 冰雹来临前的预兆

云的颜色也可作为天气现象的预兆，如冰雹来临前，云的顶部呈白色，底部呈黑色，不久以后云的中间呈红色，形成白、黑、红乱绞的云丝，云的边缘呈土黄色。如果出现这样的云，就说明当地要落冰雹了。

## 云的“前世今生”

你知道千姿百态、变化莫测的云是怎样形成的吗？

其实，云是由许多细小的水滴或冰晶组成的。这是云的“今生”。云的“前世”是水汽，水汽凝结后就形成了云。

江河湖海中的水以及土壤和动植物的水分，在太阳的照射下，蒸发到空中变成水汽。一旦水汽饱和，在高于0℃的地方，多余的水汽就凝结成小水滴；如果温度低于0℃，则多余的水汽就凝华为小冰晶。这些小水滴和小冰晶越聚越多后，就形成了云。

## 生命离不开云

地球上的所有生命都离不开水。地球上的水循环，使地球各处的生命得以进化、生存。而云是水循环的重要一环：水→水蒸气→云→雨(水)→水蒸气→云的循环。如果没有云，循环断裂，地球将不会下雨，温度也不会下降。海洋也好，河流也罢，终将受不住太阳日复一日、年复一年的烘烤和“榨取”，最终走向枯竭。没有水的地球，将成为没有生命的世界。

## 美丽的火烧云

清晨，太阳刚刚露脸的时候，或者傍晚太阳落山的时候，天边的云彩常常是通红的一片，像火烧的一样。人们把这种通红的云，叫作火烧云。

火烧云可以预测天气。民间流传着一句谚语：“早烧不出门，晚烧行千里。”就是说，火烧云如果在早晨出现，天气可能会变坏，最好不要出门；如果它在傍晚现身，则第二天准是个好天气，可以出门远行。

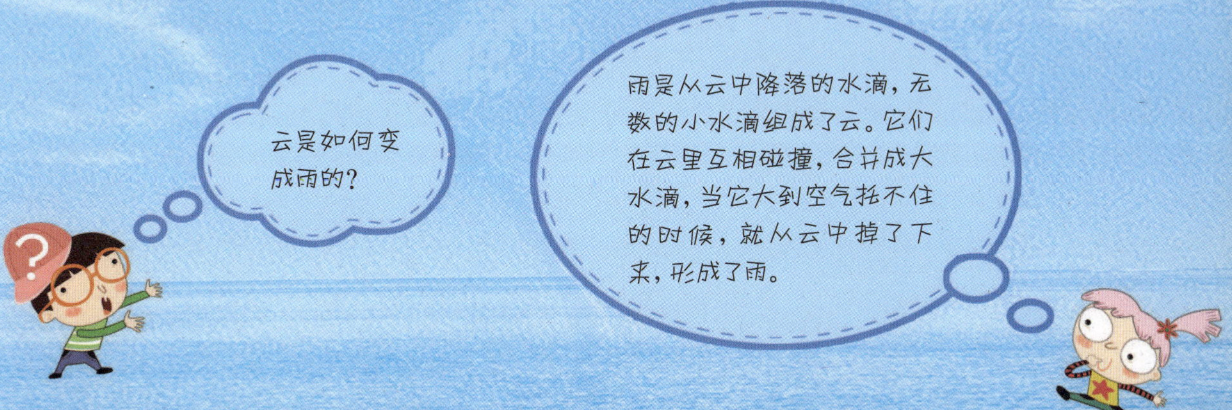

# 降落人间的精灵——雨

你知道雨对人类的贡献吗?

雨是云雾中的水分以液态的形式降落到地面的现象。你可别小看这些降落到人间的精灵。如果没有它们，世界上所有的河流、湖泊和土壤都会干涸，植物就不能正常地生长。

这无私奉献的雨是植物的淡水补给机，可以灌溉农作物；是一部吸尘器，可以减少空气中的灰尘；是一部降温器，可以降低大地的气温；是活雷锋，喜欢帮水库蓄水， 补充河流及地下水水量，利于发电和航运；是人类的免费保洁员，能冲走地面垃圾，稀释有毒物质，净化环境。

## 世界上最潮湿的地方

印度的乞拉朋齐的年降雨量曾达到26461.2毫米，被称为“世界雨极”，是世界上最潮湿的地方。同时，该地区也是月降雨量最多的地区。该地区在1861年7月的降水量达9300毫米。此外，夏威夷的怀厄莱山在一年中则有350个下雨天。

## 世界上最干旱的地方

位于南美洲西海岸中部的智利阿塔卡马沙漠是世界上最干旱的地方。研究阿塔卡马沙漠多年的美国地理学家克里斯·马凯说：“在南极，北极或其他地区的任何沙漠，只要铲起一块土，总能发现细菌。但在这里，你什么都找不到。”阿塔卡马沙漠的地势比海平面要高得多，平均为610米。它由一连串盐碱盆地组成，几乎没有植物。难以想象，在阿塔卡马沙漠的部分地区，一次干旱竟然延续了400年之久。这些地区自16世纪末以来，仅于1971年下了第一场雨。

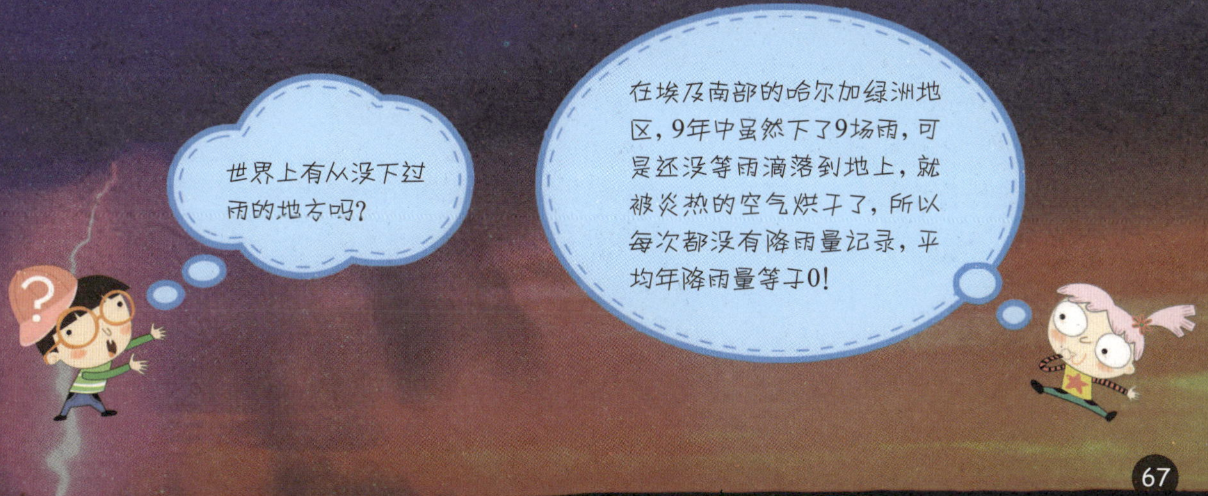

## 人工降雨

人工降雨，是根据不同云层的物理特性，选择合适时机，用飞机、火箭向云中播撒干冰、碘化银、盐粉等催化剂，使云层降水或增加降水量，以解除或缓解农田干旱，增加水库灌溉水量或供水能力，或增加发电水量等。

直到1948年，人们才真正发现了科学的人工降雨方法。这一年，美国通用电气公司的研究人员文森特·谢福经过长期的探索，在一次实验中偶然地找到了人工降雨方法的关键，解决了千百年没有解决的课题，成为科学史上的一段佳话。

我国最早的人工降雨试验是在1958年。那一年夏季，吉林省遭遇了60年未遇的大旱，人工降雨减缓了旱情。1987年，在扑灭大兴安岭特大森林火灾中，人工降雨也发挥了重要作用。

## 暴雨来了怎么办

及时从危旧房屋、地势低洼处撤离，到地势高的地方或山洞暂避。

关闭煤气阀和电源总开关。

在户外积水中行走时，要注意观察，贴近建筑物行走，防止跌入窨井、地坑。同时，提防破旧建筑倒塌伤人等。

## 空中死神——酸雨

酸雨是指pH小于5.6的降水，主要是从空中降落的含有酸性物质的雨雪或其他形式的降水。造成酸雨的元凶是谁呢？元凶就是石油、煤燃烧后的排放物，汽车尾气，火山爆发释放的气体等。

为什么酸雨被称为“空中死神”呢？因为酸雨带来巨大的危害。

酸雨是人类健康的公敌。人接触酸雨后，容易中毒或者患上红眼病、支气管炎、肺病、癌症等疾病。

酸雨也是动物的天敌。酸雨会造成湖中的鱼虾死亡，藻类灭绝。

酸雨会引起森林衰退、湖泊酸化、土壤贫瘠、农作物减产、建筑物腐蚀等，严重破坏着我们的家园。

酸雨还想给珍贵的文物“去死皮”和“化妆”（如国子监的碑林石刻、故宫的汉白玉栏杆、卢沟桥的石狮、印度的泰姬陵、美国的自由女神像等）。可是，掉色、褪色、变色、表面剥落的珍贵文物只会让人扼腕痛惜。

人们怎样做，才能把酸雨赶走呢？其实很简单，减少煤和石油的燃烧，尽量乘坐公共交通工具。从身边的小事做起，爱护环境。过不了多久，酸雨就会跟我们说“拜拜”啦。

# 白色小精灵——雪

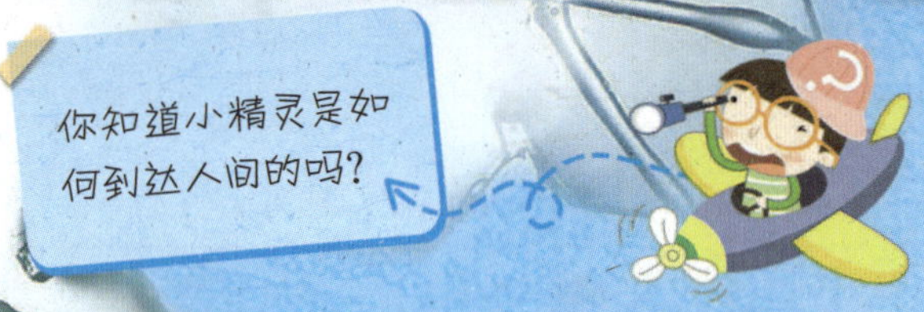


雪有一个很美的名字，叫作“白色小精灵”。在温度较低的时候，水汽在空气中变成一片片六角形的美丽结晶体，因为地球引力的召唤，它们便从云中轻盈地像仙女散花般飘落下来。这就是白色小精灵降落人间的全过程。

## 庄稼的羽绒被——积雪

雪不容易传热，有保温的本领。因此，如果积雪厚度刚好把庄稼盖住，那么这时的积雪就好像一条奇妙的羽绒被，不仅能阻止外面寒流的入侵，还能阻挡土壤的热量跑出去，保护庄稼不被冻死。因此，民间有“瑞雪兆丰年”之说。

## 2008年中国特大雪灾

2008年，中国被一场特大雪灾所扫荡。雪灾横行中国四川、浙江等19个省区，因长时间下大雪，路面积雪、结冰，导致多个机场和多条高速公路关闭，铁路停运，几百万想回家过年的旅客，只能跺着脚干着急。

这次雪灾还造成60多人死亡，许多牲畜被冻伤，房屋倒塌，居民生活断电，工厂停电停工。

运输、旅游、电信、通信、保险等行业，因雪灾伤筋动骨，经济损失惨重。

## 白色妖魔——雪崩

雪崩是一种严重的自然灾害，常发生在山地。当积雪过厚、过多时，因地球引力的作用，便开始崩塌，向山下滑落，这些雪可重达几百上千吨。在最可怕的雪崩过程中，雪滑落下来的速度比十二级台风还快，当它从高山上飞腾而下时，可以瞬间吞没一个城市，掩埋一切挡在它面前的事物。所以，如果在旅行中遇到雪崩，存活的机会很渺茫。

## 如何在雪地上安全行走

如果是一个人走路，可以一边走，一边在雪上撒点盐，促使雪融化；或者在鞋上绑根草绳或鞋带，增加摩擦力防滑。如果是开车，要在车轮上装防滑链。

## 雪水与长寿秘密

深山老林里有不少长寿的老人，他们喜欢长期饮用洁净的雪水，还经常用雪水洗澡。这是他们长寿的秘诀之一。老人们坚信雪中藏着的健康、长寿秘密。

## 不可思议的雪屋

在北美洲北极圈内的冰天雪地里，生活着一群因纽特人。他们能用雪建造雪屋。雪屋的“建筑材料”全部是雪。他们先用大铲刀把雪铲出来，压成雪块，制成了一块块的“雪砖”，再一层层地将雪砖垒砌起来，每砌一层，雪砖都要向里倾斜，一层层往里收，封顶后形成一个半球形的雪屋，最后用铲刀挖出一个大门，雪屋就建造完毕了。

雪屋一般呈圆形，从外表上看像一口大锅倒扣在地上，模样有点像我国的蒙古包。雪屋中的家具也是用雪做的。如果家里来了客人，因纽特人就在雪床上再铺一层软雪，软雪之上垫一层柳枝，柳枝之上覆一层兽皮。这样，暖和的雪床就铺好了。

## 六月飞雪

六月正值炎炎夏日，会下雪吗?

古人认为，世间如果有天大的冤案，上苍就会在六月下雪，以警示世人。比如，《窦娥冤》里就有这样的情节：窦娥被诬陷问斩的时候，曾发下誓愿：“如果自己是冤枉的，就请老天爷六月飞雪。”果然，在她被斩后，天上飘起了雪花。

其实，这是人们对老天爷明察秋毫的一种美好愿望。六月飞雪并没有那么神奇，它不过是夏季高空有较强的冷空气时发生的一种自然现象。另外，火山喷发也可能导致六月飞雪。

## 孙康映雪的故事

孙康是我国晋代的一个大官。小时候，孙康的家里很穷。他白天要干活，晚上想看书，但又没有钱买油点灯。怎么办呢？难道就这样让时间白白地溜走吗?

一天半夜，孙康从睡梦中醒来，发现屋外下了一场大雪。整个世界全变白了。突然，他的脑海里闪过一个念头：“映着雪光能否读书呢?”他急忙拿着书跑到雪地里，发现字迹清楚，比小油灯还亮呢！从此，孙康就坚持在冬天的雪地里看书，常常一看就是一个晚上。由于他的刻苦和努力，孙康终于成为一名大学者。

# 空中的魔术师——雷电

雷电是伴有闪电和雷鸣的一种雄伟壮观而又有点令人生畏的放电现象。雷电一般产生于对流发展旺盛的积雨云中，因此常伴有强烈的阵风和暴雨，有时还伴有冰雹和龙卷风。

## 最受雷电青睐的地方

印度尼西亚的爪哇岛，是世界上最受雷电青睐的地方。有一年，爪哇岛竟有300天发生了闪电。

## 历史上最猛烈的闪电

历史上最猛烈的闪电，是1975年袭击津巴布韦乡村乌姆塔里附近一幢小屋的那一次。它把21个人带去了天堂。

## 雷公和电母的故事

雷公和电母是中国民间神话中的一对夫妻。他们掌管着天庭的雷电，代天执法，专门击杀有罪之人，主持人间正义。

雷公和电母不是一开始就住在天上的。雷公原名丁雷，是家中的老大，他和妻子、弟弟一起住在东海边。过了几年，老大独自一人进京赶考。老二看哥哥长时间没有回来，竟把贼眼盯到漂亮的嫂嫂身上，逼嫂子与他结婚。嫂子不甘受辱，跑到河边，想投水自尽，就在她往下跳的一刹那，下凡的太白金星拉住了她，把她带到天上，并教她学本事。

老大中举后回家，听说妻子已经投河自尽，也跑去投河。这时，太白金星又出现了，并把他也带上了天。

到了天上，玉帝封老大为雷公神，给他两柄大锤，封他的夫人为闪电娘娘，给她一把万丈火扇，让他们专门镇压世上做坏事的人。于是，老大第一锤就把他的弟弟打死了。后来，只要一发怒，他就挥锤乱击。闪电娘娘怕他误伤善良的人，只好随时紧跟，每当雷公一发怒，她就射出万道金光，告诉人们快快躲避。直到现在，人们总是先看到闪电，然后才听到雷鸣声。

## 被雷击七次都不死的苏利文

苏利文是美国的一名护林员。他曾轻描淡写地说：“闪电总是有办法找到我。”他一生被雷电追杀7次，但每次都能大难不死。

1942年，在瞭望塔上，雷电毫不客气地击中苏利文的小腿，他的一块脚趾甲因此离他而去。

1969年，苏利文驾车行驶在盘山公路上，雷电凶狠地将苏利文击昏，并烧掉他的眉毛。

1970年，在苏利文住所的院子里，雷电烧伤他的左肩。

1972年，在森林里，雷电麻利地点燃苏利文的头发，从此他随身携带一壶水，以便及时灭火。

1973年，雷电轻松地将苏利文抛出车外，但没有要他的命。

1974年，苏利文在野营时，再次跟雷电狭路相逢，膝盖负伤。

1977年，苏利文在钓鱼时，最后一次被雷电算计，胸部和胃部被烧伤。

据悉，苏利文仍是“遭遇雷击生还次数最多”的吉尼斯世界纪录保持者。

## 哪些物体容易被雷击

容易被雷击中的物体有：烟囱，没有良好接地设施的金属屋顶，潮湿或空旷地带的建筑物、树木等，缺少避雷设备或避雷设备不合格的高大建筑物等。

## 如何远离雷电的魔掌

雷电发生时，不要使用手机，最好不洗澡，尤其是太阳能热水器用户不要洗澡。关好门窗，拔掉电源总开关，远离门窗、水管、煤气管等金属物体。如果很多人共处室外，相互之间不要挤靠，以防有人被雷击中后，其他人也受到牵连。不要在空旷的野外停留，立即停止游泳、划船、钓鱼等水上活动。远离孤立的大树、高塔、电线杆和广告牌。当不得已滞留野外时，尽量寻找像土坑这样的洼地藏身，或者立即蹲下，以降低高度。

雷电是雷雨云中的放电现象。要形成雷雨云，空气中要有充足的水汽，且空气要能产生强对流运动。冬天的空气寒冷干燥，不易形成强对流的天气，所以较少有雷电现象发生。

# 横跨天空的彩带——彩虹

彩虹是悬挂在半空的七色弧形彩带，经常出现在雨后。彩虹的颜色依次为红、橙、黄、绿、蓝、靛、紫。

阳光和水滴通力合作，造就了彩虹的绝世之美。当空气中有大量飘浮的小水滴时，阳光照射在它们身上，经过反射和折射，就形成了七彩斑斓的彩虹。水滴越大，彩虹就越鲜艳；相反，水滴小，彩虹看起来就越暗淡，也越宽。

我们还会在瀑布附近遇见彩虹。此外，在晴朗的天气，如果我们背对着阳光在空中洒水、拿着喷头浇花或喷洒水雾，就可以像变魔术一样制造出美丽的彩虹。

## 彩虹与龙

古人认为，彩虹是一条龙。古人用“龙吸水”来形容彩虹的身姿，他们认为这条“龙”会吸干当地的水。所以，古时候，人们看见彩虹时，就使劲地敲击锅碗，以为这样就能“吓走”它。

## 天空的微笑

彩虹还会倒挂在空中。在人们的眼里，这种倒挂的彩虹，既美丽又让人感到不可思议，就像是“天空在微笑”。

倒挂的彩虹是较为罕见的奇异美景。只要它一现身，一般都能上报纸的头条。2009年可谓“倒挂彩虹年”。它们曾大驾光临过英国的苏塞克斯、中国的西安和韩国的首尔等地区，引来民众的啧啧称奇声。

为什么彩虹喜欢夏天，不喜欢冬天呢？

这是因为夏天常常下雷阵雨。大雨过后，天空中还保留着许多小水滴。这时，太阳迫不及待地露出脸来，将阳光洒在这些飘浮在空中的小水滴上。经过阳光的折射和反射，就形成了彩虹。而冬天，空气干燥，下雨的机会较少，小水滴都被蒸发了，所以我们很少在冬天见到彩虹。

## 双彩虹

与倒挂彩虹一样，双彩虹也很害羞，很少出来与大家见面。它出来赴约的时候，都是惊艳亮相。它或像两道色彩斑斓的彩带直入苍穹，或在天空架起两座拱形彩虹桥，一明一暗，相辅相成，让人忍不住感叹大自然的神力。虽然双彩虹一般都来去匆匆，但这丝毫不影响人们对它的喜爱。

## 天气预报员

彩虹可以充当天气预报员。当东方出现彩虹时，当地不容易下雨；而当西方出现彩虹时，当地下雨的可能性很大。

## 彩虹形成原理的发现

1307年，欧洲有人提出彩虹是由水滴对阳光的折射及反射而造成的。

1637年，笛卡儿发现水滴的大小不会影响光线的折射。他以玻璃球注入水来进行实验，得出水对光的折射指数，通过数学推算证明彩虹的主虹是水点内的反射造成的，而副虹则是两次反射造成的。他准确地计算出彩虹的角度，但未能解释彩虹的七彩颜色发生原理。

1666年，牛顿通过三棱镜与幕布把阳光散射成彩色后，发现白光是波长不一样的电磁波的集合，是具有多种颜色的光的组合。这时，关于彩虹形成的光学原理才被发现。

# 虚幻的海市蜃楼

你见过海市蜃楼吗?

## 缥缈的空中楼阁

1981年的一天，浙江省舟山群岛海面的上空，突然涌现五彩祥云。彩云中逐渐出现了琉璃瓦顶的巍峨古庙，周围树木葱郁，层峦叠翠，烟雾缭绕，一条小路蜿蜒曲折，田地阡陌依稀可见。10分钟后，这一景象逐渐消失。你知道为什么会出现这样的景象吗?

在平静无风的海面航行或在海边瞭望时，你往往会看到空中一下子冒出船舶、岛屿或城郭楼台。在沙漠中旅行的人有时也会吃惊地发现，在远方有一片波光粼粼的湖水，湖畔树影摇曳，令人向往。可是当大风一起，这一切瞬间消失。原来这是一种幻景，统称为海市蜃楼。

## 揭开海市蜃楼的神秘面纱

拿沙漠里的海市蜃楼来说，它是沙漠里的物体反射的光，经大气折射而形成的虚像，是大自然中的一种光学幻影现象。在沙漠中，白天沙石受太阳炙烤，沙层表面的气温会迅速升高；另一方面，由于空气不容易传热，在无风时沙漠上空的温度又会较低。因此，接近地表的空气温度和沙漠上空的空气温度是不一样的。不同的温度导致了不同的空气密度，温度高的空气密度小，温度低的空气密度大，这样整个沙漠地区空气的密度分布就会不均匀。

阳光在穿过密度分布不均匀的空气时，光线就会发生折射和反射，像镜子一样将远方景物的影像显示出来。于是，远处的绿洲就呈现在人们的眼前。

在海面或江面上出现的“海市蜃楼”也是同一个道理。也就是说，温差和阳光一起“建造”了神秘虚幻的海市蜃楼。

## 古人眼中的海市蜃楼

自古以来，海市蜃楼就为世人所关注。在西方神话故事中，海市蜃楼被描绘成魔鬼的化身，是死亡和不幸的凶兆。而我国古代则把海市蜃楼看成是仙境。著名的秦始皇、汉武帝曾派人前往蓬莱寻访仙境，寻找长生不死之药。

古人不明白这种“仙景”的由来，认为是蜃（即海中蛟龙）吐出的气结成的幻境，因而称其为“海市蜃楼”，也叫蜃景。

## 国内最佳观赏地

山东省蓬莱市蓬莱阁
浙江省舟山市普陀
江苏省连云港海州湾山
河北省北戴河东莲峰山
山东省长岛县
广东省惠来县

## 海市蜃楼开的玩笑

1798年，拿破仑率领3万法军进攻埃及。有一天，法军在进军埃及的途中，突然看到前面有一片模糊的湖山景色，景物倒悬在空中，不一会儿，湖泊又消失得无影无踪，随之又看到草叶变成棕榈树丛。这种变幻莫测的影像使法军十分惊慌，不知所措。士兵们以为上天对他们震怒，个个吓得跪在地上，求上天原谅他们。

第二次世界大战中，一艘德军潜艇潜伏在美国东海岸边的海域中寻找攻击目标，艇长不时下令升起潜望镜搜索海面。有一次，正当这位艇长从潜望镜中观察海面目标时，他发现美国纽约竟然就在自己的头顶上，顿时被吓得魂飞魄散，以为自己所在的潜艇跑错了地方，赶紧下令撤退。

海市蜃楼有两个“习惯”，一是恋旧，总是喜欢在同一地方亮相，如美国的阿拉斯加、中国的山东和海南等地上空；二是习惯在每年的特定时间出现，如在俄罗斯的齐姆连斯克附近，海市蜃楼往往在春天露面。

# 作恶多端的兄妹——厄尔尼诺与拉尼娜

你知道厄尔尼诺与拉尼娜指的是什么吗?

## 厄尔尼诺

厄尔尼诺现象是一种“气象怪物”，颇有神秘之感，指的是12月25日前后发生在赤道太平洋东部和中部海水的持续变暖现象。它常常是全球气候异常的最强信号，随之而来的是一系列严重的自然灾害，如洪水、干旱、酷热、暴雨、暴雪、罕见低温、冷夏、暖冬等。秘鲁居民将这种海水温度季节性上升的现象称为“厄尔尼诺”。“厄尔尼诺”，在西班牙语中意思为小男孩。

## 拉尼娜

如果说厄尔尼诺是一种全球气候变化的“暖事件”，那么拉尼娜就是一种全球气候变化的“冷事件”。它是指海面水温低于往年的现象。“拉尼娜”，在西班牙语中的意思为小女孩。由于拉尼娜正好与厄尔尼诺相反，所以它又被称为“反厄尔尼诺现象”。拉尼娜是顽固的跟屁虫，总是喜欢在厄尔尼诺谢幕之后粉墨登场，被认为是大自然修正厄尔尼诺现象造成的气候失衡的一种手段。拉尼娜现象的出现也是全球气候异常的一个强信号，也会带来全球气候失常。

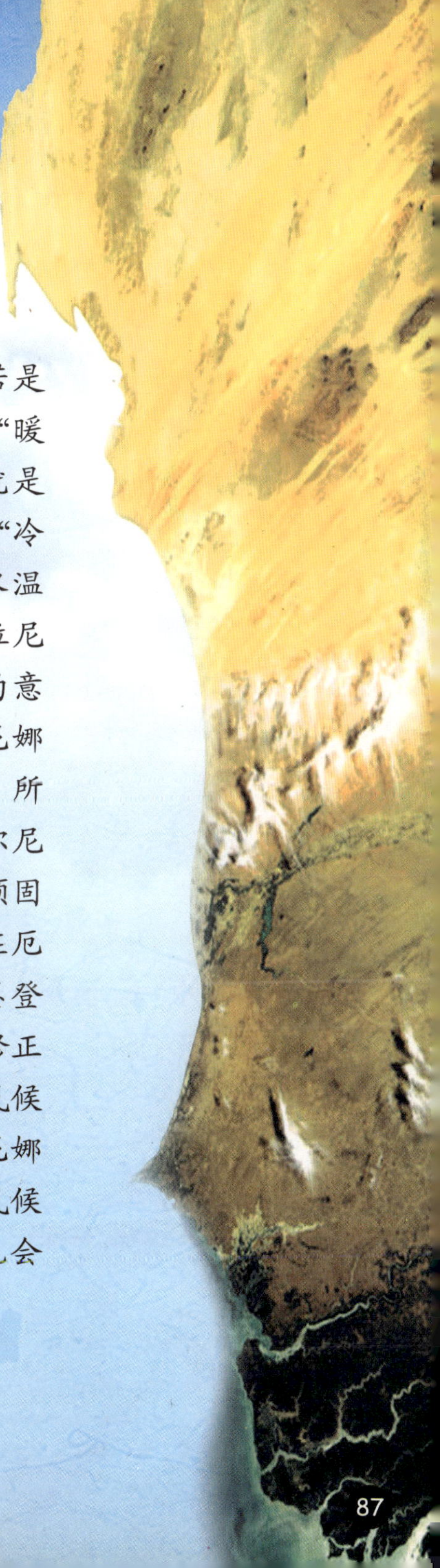

## 似乎越来越喜欢地球

本来，厄尔尼诺现象一般每隔2～7年出现一次。但是，20世纪90年代后，随着全球气候不断变暖，厄尔尼诺似乎对地球越来越有兴趣了，频繁地光顾地球。不仅如此，它在地球上非法滞留的时间也越拖越长了。

一般来说，拉尼娜总是紧随厄尔尼诺其后。但在当前全球气候变暖的背景下，拉尼娜偶尔也会旷工。

## 厄尔尼诺的罪行

说起厄尔尼诺的罪行，那简直是罄竹难书。就拿近百年的历史来说，它就已经罪恶累累了。

1931年、1954年、1998年，我国发生了历史上严重的洪涝灾害。这都是在厄尔尼诺光顾后的次年发生的。

1982～1983年，厄尔尼诺不请自来，吓得生活在秘鲁沿海海域中的醍鱼纷纷逃向大海深处，使世界著名的秘鲁渔场一片萧条。

干旱、沙尘暴疯狂地折磨澳大利亚和印度尼西亚。飓风恣意袭击波利尼西亚，而在平常年份，该群岛根本不会有这种无妄之灾。全球一部分地区发生了几十年甚至几百年不遇的严重旱灾，而另一部分地区却遭受了多年未遇的暴雨和洪水。台风、冰雹、雪灾、冻害、龙卷风等也火上浇油，为虎作伥，造成的直接经济损失达200亿美元，是20世纪由厄尔尼诺现象引发的自然灾害中最严重的一次。

2009年，墨西哥因受厄尔尼诺的牵连，降水猛减，遭遇了70年来最严重的旱灾。

因为在西班牙语中，厄尔尼诺还有“天才少年”的意思，指那些被人们寄予了厚望、令对手望而生畏的人物。

## 拉尼娜的行径

1954～1955年、1956～1957年、1963～1964年、1968～1969年的冬季，我国出现了很严重的低温雨雪异常天气。很大程度上，这属于“坏女孩”拉尼娜干的“好事”。

我国海洋学家认为，1998年我国遭遇的特大洪涝灾害，其中就有拉尼娜的“功劳”。拉尼娜与世界各地发生的异常大洪水、大干旱、沙尘暴等脱不了干系，甚至就是一些地区气候异常的“罪魁祸首”。

# 天气变化早知道——气象观测

天气现象与我们的生活息息相关。早在古代，人们就知道根据节气变化来预测天气，为农业生产服务。现今，科学家更是发明出了一系列气象仪器。通过这些气象仪器，我们可以预测未来天气的变化，极大地方便了人们的生产与生活。

## 世界气象日

世界气象日，又称“国际气象日”，是世界气象组织成立的纪念日，时间为每年的3月23日。每年的“世界气象日”都确定一个主题，各成员会在这一天举行庆祝活动，普及气象知识。比如，2011年世界气象日的主题是“人与气候”。

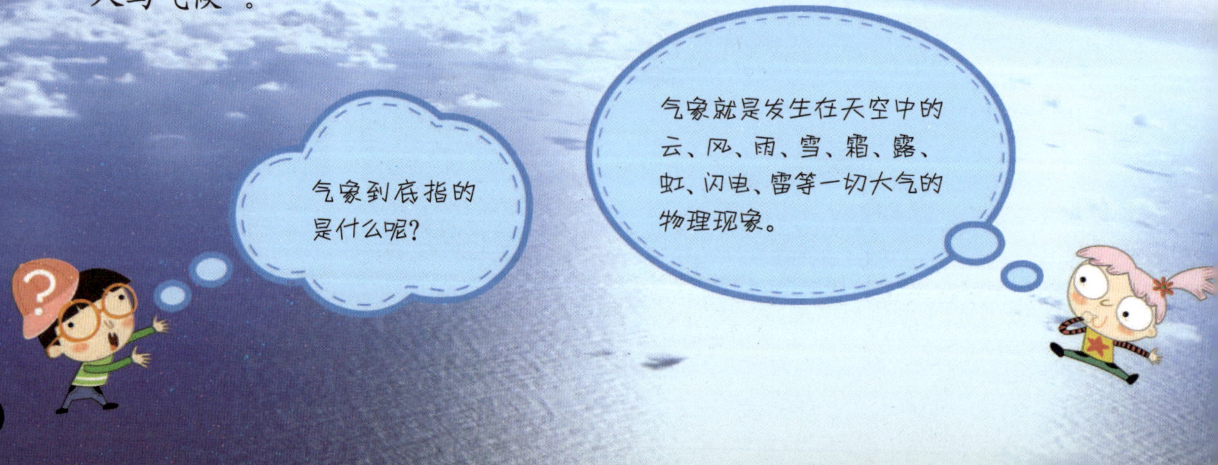

## 气象数据的集散地——气象台

气象台是对大气进行观测、研究并发布天气预报和警报的科学机构。我国气象系统目前共有各类气象台（站）2600多个，为全国各地区提供天气预报服务。另外，军事、民航、农垦、林业、盐业等部门还拥有自己的气象台。气象台是天气预报的重要数据集散地。

## 高空气象观测的平台——气象气球

气象气球是用橡胶或塑料制成气球的表皮，充入氢气、氦气等比空气轻的气体，并携带仪器升空，进行高空气象观测的观测平台。它是一种廉价的无动力升空设施。

和地面不连接的气象气球叫作自由气球，用缆绳和地面连接的气球叫作系留气球。气象气球的制作材料和大小由它们的用途来确定。其中，探空气球主要用于测量高空气象要素，系留气球特别适用于大气污染监测和研究大气边界层等，定高气球主要用于测量气团的属性等。

## 天气预报

天气预报是根据气象观测资料，运用各种大气科学的原理与技术，对某区域或某地点未来一定时段的天气状况做出定性或定量的预测。目前，气象台的短期天气预报只能预测未来2～3天的天气情况。

## 气象收集员——气象卫星

气象卫星是摄取云层图和收集有关气象资料的人造卫星。它有一个法宝，名叫“气象遥感器”。通过气象遥感器，卫星拍摄云图，接收和测量气象数据，如云顶温度、云量、大气中水汽总量等，再把这些数据发送到地面。地面接收站依据这些资料就可以预测天气变化的趋势，发布天气预报。

到目前为止，人类已发射了100多颗气象卫星。我国是世界上少数几个具备气象卫星发射能力的国家。我国的气象卫星“风云二号”，可以每半个小时提供一次气象观测资料，为短期天气预报提供情报，并监测台风、暴雨、干旱、积雪等气象灾害。

## 天气变化的监视器——气象雷达

气象雷达主要用于探测一定范围内大气中风暴、云、雨等天气现象，特别适用于监视台风、雷雨、冰雹和龙卷风等强对流天气的演变过程，在保障航空飞行上起到重要的作用。气象雷达可以确定云、雨等目标物的微观特征。

## 中国气象之最

**最冷的地方** 黑龙江漠河镇，号称“北极村”。冬季温度常在-30℃～-40℃，最低可达-52.3℃。冬天去那里，人们至少要戴两层手套，穿三层袜子。

**最热的地方** 新疆吐鲁番，号称“火州”。夏季平均气温超过30℃，最高温度可达50℃。盆地中部有座低山，山上岩石裸露，夏季骄阳照射在红色砂岩上，红光反射，犹如火焰，这就是有名的“火焰山”。传说，连飞鸟也不敢从那里飞过。

**降雨最多的地方** 台湾火烧寮，号称“暴雨中心”。瞬间雨量惊人，是中国年降水量最多的地区。

**降雨最少的地方** 新疆吐鲁番盆地，年降水天数不足10天，有些年甚至滴水不降。

**雪最多的地方** 黑龙江海林，号称“中国雪乡”，一年中的7个月都有积雪，积雪深达2米，是以雪闻名的旅游胜地。

**雷雨最多的地区** 广东雷州是闻名遐迩的世界第二大雷区，闪电打雷频繁而厉害。不过，雷州人却喜欢电闪雷鸣。因为打雷能带来风雨，滋润庄稼，所以那里的人们闻雷则喜。

# 贫富悬殊的七兄弟——七大洲

亚洲，全称亚细亚洲，源于闪米特语，意为东方日出之地。

欧洲，全称欧罗巴洲，出自闪米特语，意为西方日落之地。

非洲，全称阿非利加洲，出自希腊语，意为阳光灼热之地。

大洋洲，因它处于世界大洋的包围之中，游离于其他大洲之外而得名。

美洲，全称亚美利加洲，是北美洲和南美洲的合称，以“发现”它的意大利探险家亚美利加的名字命名。

南极洲，顾名思义，是南极所在的大陆，地球最南边的洲。

## 最大的“地主”——亚洲

亚洲是世界上面积最大、人口最多的一个洲，这里曾孕育了四大文明古国中的中国、古印度和古巴比伦，也是佛教、伊斯兰教、基督教、犹太教、印度教的诞生地。亚洲这片土地古老而神奇，这里的人们聪明且智慧，火药、造纸术、指南针、印刷术、阿拉伯数字都是亚洲人的发明。

在各大洲中，亚洲所跨的纬度最广，囊括从赤道到北极地区几乎所有的气候带和自然带；所跨经度也最广，东西时差达11个小时。亚洲的地表起伏大，高山遍布，湖泊众多，有世界上最高的山峰——珠穆朗玛峰，也有世界上最深的湖泊——贝加尔湖。

## 热带大陆——非洲

非洲的大部分地区位于南、北回归线之间，全年高温地区的面积广大，有“热带大陆”之称，境内降水较少。非洲大部分地区气候炎热，但矿产资源丰富，黄金和金刚石的储量居世界第一。

非洲也是人类文明的发源地之一。尼罗河畔的埃及是世界四大文明古国之一。金字塔举世闻名，是人类建筑史上的奇迹，也是古代埃及劳动人民卓越智慧和辛勤劳动的不朽丰碑。

在非洲很多地方吃饭时不用桌椅，也不使用刀叉、筷子，而是用手抓饭。吃完后，晚辈要等长辈走后，才能走；子女吃完时，还要跟父母说“谢谢”。

## 最发达的移民之洲——北美洲

北美洲是世界第三大洲，包括加拿大、美国等37个国家和地区，是世界上最发达的移民之洲。

北美洲原是印第安人的家园。欧洲人在近代才“发现”了这片大陆，他们杀掉或赶走印第安人，然后成为这片大陆的主人。所以，现今居住在北美洲的主要是欧洲人的后代。

北美洲的水很有特色，有世界上最大的淡水湖群——五大湖区；也有世界上最大的瀑布——尼亚加拉瀑布；还有奇妙的双层湖，上层湖水是淡水，下层湖水是咸水，泾渭分明。

## 爱美之洲——南美洲

南美洲是世界第四大洲，包括巴西、阿根廷等13个国家和地区。

南美洲人特别爱美。这里的女人最青睐整容手术，甚至连选美冠军也在比赛前做整容手术。由于存在这种需求和风气，因此南美洲的美容整形业特别发达，而且价格低廉，使世界各地的爱美人士趋之若鹜。

## 白色的荒漠——南极洲

南极洲是世界第五大洲，除科考人员外，无人类居住。南极洲是人类最后到达的大陆，也叫作“第七大陆”。南极洲号称“白色的荒漠”，一年四季被冰雪覆盖，位于地球最南端，土地几乎都在南极圈内，四周濒临太平洋、印度洋和大西洋。它是世界上地理纬度最高的一个洲，同时也是跨经度最多的一个大洲。

## 强国扎堆——欧洲

欧洲是世界第六大洲，共有45个国家和地区，是世界上发达国家最多的一个洲，也是人口最密集的一个洲。

欧洲气候温和，降水分布较均匀，适宜生活，居民大多为白种人。欧元是大多数欧洲国家的通用货币。

欧洲的河网密布，水量丰沛。最长的河流是伏尔加河，全长约3690千米。第二大河是多瑙河，全长约2850千米，是世界上流经国家最多的河。欧洲的海岸线十分曲折，多半岛、岛屿、海湾、内海，北欧的斯堪的纳维亚半岛是欧洲最大的半岛。

## 小不点儿——大洋洲

大洋洲是世界上面积最小、人口最少的一个洲，包括澳大利亚、新西兰等国家和地区。大洋洲的气候宜人，人类在此至少已生活了4万年。最开始，原住民为黄种人和黑种人。近代以后，大洋洲成为欧洲的殖民地。所以，现在的居民多是欧洲人的后代，说英语。

# 神奇的白色世界——极地

极地是南极和北极的合称，是地球的最南端和最北端，那里终年被雪覆盖，是一些温度极低的陆地和海域。南极和北极的面积差不多，约等于中国和印度国土面积之和。南、北极的季节相反，当南极是夏季的时候，北极是冬季。

南极是四面环海的冰雪大陆，北极是被陆地围绕的海洋。

南极寸草不生，没有人烟；北极有草原、森林、国家、城市、人口，甚至还有军事设施。

## 南极的主人——企鹅

企鹅是南极的主人，它们已经在这里居住了千万年。企鹅是一种水鸟。它们有翅膀，擅长游泳和潜水，但不会飞。它们没有牙齿，靠舌头吞食鱼虾，每天平均能吃750克的食物。

在企鹅王国中，最高、最大的企鹅是帝企鹅，它的身高与六七岁的小朋友差不多，体重可达到40千克。因为它具有王者之相，所以被人们称为“帝企鹅”，也是唯一一种终年生活在南极本土的企鹅。

企鹅性情憨厚大方，但外表高傲，甚至盛气凌人。不过，当人们靠近它们时，它们并不四处逃窜。有的旁若无人，有的不知所措，有的东张西望，有的交头接耳，憨态可掬的形象受到大家的喜爱。

## 南极的潜水专家——维德尔海豹

维德尔海豹是南极著名的潜水专家，善于长时间潜水和深度潜水。它们能整个冬天都待在冰层下的海水中。一旦腹中无物，它们还会深入到五六百米的海水深处觅食呢。

## 南极之最

南极是地球上最冷的地方，最低气温可达-89℃，几乎没有植物能在那里生长。

南极有地球上最高、最大的冰山。其中最大的冰山号称“巨无霸”，高达四五千米，总面积达6200多平方千米。

## 会缩骨功的南极磷虾

南极磷虾大多生活在水深不超过50米的浅海区域。在寒冷的冬天，磷虾只能以从冰层上刮擦下来的海藻为食来维持生命。为了减少能量的消耗，磷虾把身体蜷缩起来，缩到幼年时期的大小，以度过寒冷的冬天。看来，它们是会缩骨功的高手哦！

## 北极的霸主——北极熊

谁是世界上最大的陆地食肉动物呢？北极熊！它是北极真正的霸主，连海豹也得向它俯首称臣。北极熊的头小，耳朵小，脖子细，但身长可达2.7米，体重可达800千克。北极熊的视力和听力与人类相当，它的嗅觉极其灵敏，是狗的嗅觉灵敏度的7倍；它的行走速度飞快，达每小时60千米，比世界百米“飞人”博尔特还快3秒72。

北极熊喜欢孤独地生活在北极辽阔的冰原上，脾气不好，是北极的“独孤求败”。北极熊不怕冷，因为它的身体里有厚厚的脂肪，表面奇特的皮毛像一根根真空管子，能吸收照射在身上的所有阳光和紫外线，以达到保暖的效果。

## 布置出来的黑夜

在极地科考的科学家们，如果遇到全天都是白天的极昼，那么当他们想睡觉时，该怎么办呢？科考队员们想出了一条妙计：用厚厚的窗帘在房间里“布置”出一个黑夜，这样就能安静地入睡了。

## 南极科考队员的“丰盛大餐”

南极寸草不生，没有人烟。科考队员到了那里后，吃什么呢？企鹅可以吃吗？不可以！为了保护南极的生态环境，企鹅是不允许被捕杀的。所以，科考队员的食品是由破冰船或飞机从其他地方运送过来的。这些食品包括新鲜蔬菜、速冻食品、罐头食品、脱水蔬菜等。另外，科考队员还可以在温室内发豆芽，无土栽培豌豆、萝卜和西红柿等蔬菜。看来，南极科考队员的生活真艰苦啊！

# 大地的舞台——高原

你知道高原是如何产生的吗？

高原是指平均海拔超过1000米，地形开阔，地表大面积隆起、突出的高地，素有“大地的舞台”的美称。高原约占地球陆地面积的45%。世界上最高的高原是我国的青藏高原，面积最大的高原为南极冰雪高原。

## 我国的四大高原

我国的四大高原分别是青藏高原、内蒙古高原、黄土高原和云贵高原。其中，青藏高原海拔最高，平均海拔在4000米以上；内蒙古高原气候干燥，草原辽阔，为我国重要的牧区；黄土高原上黄土飞扬，植被稀少，土地贫瘠；云贵高原天无三日晴，是世界上岩溶地貌发育最完善、最典型的地区之一。

## 要命的高原反应

高原反应是指人体为适应因海拔高度造成的气压差、含氧量、空气湿度等的变化而产生的自然生理反应。通常，当海拔高度达到2700米左右时，人体就会有高原反应。缺氧和空气干燥是高原反应的元凶。

高原反应的症状一般为：头部剧烈疼痛、心慌、气短、胸闷、食欲不振、恶心、呕吐、嘴唇和指甲等呈紫绀；意识恍惚，做一道简单的相加题，需要用很长时间；出现幻觉，容易当跟屁虫，无目的地跟在陌生人后面。

如果出现这些症状，应在原地停留休息3～5天，或立即下降数百米高度，一般就可恢复正常。

如果遇到较严重的高原反应，如高原肺水肿、高原脑水肿等，若治疗不及时会命丧高原。

## 世界屋脊——青藏高原

青藏高原是世界上最高的高原，有“世界屋脊”和“第三极”之称。这里冬天气候寒冷，夏天气温也不高，地下形成了很厚的永冻层。

青藏高原上还有很多冰川、湖泊和沼泽，是许多大河的发源地，比如长江、黄河都发源于此。

青藏高原也是我国藏族同胞的家园，他们世代在这里生活，形成了独特的藏族文化。藏族人民性情豪迈，歌唱至高潮时往往手舞足蹈，因此形成有歌必舞、舞中有歌的藏族歌舞。“跳果谐”是最常见的藏族群体舞，男女老少手拉手围成一圈，以顿地开始，踏足为节奏，边唱边跳。

## 高原精灵——藏羚羊

藏羚羊号称“高原精灵”，是我国的珍稀物种之一。它们生活在缺氧的高原草原中，拥有精灵一般的身材，胆小，跑得快而优美，喜欢集体活动，一起觅食或群体迁徙。

藏羚羊是世界上濒临灭绝的动物之一。这是由于藏羚羊身上的宝——底绒。这种底绒制成的披肩称为“沙图什”，是世人公认的最精美、最柔软的披肩。昂贵的“沙图什”，导致大量藏羚羊被无情地猎杀。

我国政府十分重视藏羚羊保护工作，严禁非法猎捕，盗猎活动进行严厉打击。

## 高原王者——藏獒

藏獒，祖籍我国青藏高原，目前也居住在那里。它们是一种高大、凶猛、垂耳、长毛、耐寒的稀有家犬。也就是说，藏獒也是一种狗。

为什么不把它们称为狗呢?这是因为藏獒身材高大、威猛善斗，看起来非常傲慢、不可一世。所以，造字的语言文字工作者把形容人的“傲”去掉偏旁“亻”，加上“犬”而得“獒”字，给予它不一样的待遇。

藏獒的眼睛通常炯炯有神，非常警觉。它对陌生人有强烈的敌意，使人望而生畏。但它对主人非常忠诚和亲热，是看家护院、牧马放羊的好帮手，备受主人的喜爱。

科学家经过研究，发现了藏族人体内的高原生存“密码”：藏族人体内有两种特殊的基因。正是这两种特殊基因，才使得他们能适应高原环境。

# 死亡之海——沙漠

你能描绘一幅美丽的沙漠画卷吗?

沙漠是一片地面完全被沙覆盖，植物稀少、雨水稀少、空气干燥的荒芜地区。全球有近三分之一的陆地都是沙漠。沙漠地区的气温变化大：夏季，白天沙漠地区的地面温度可达60℃～80℃，夜间却降至10℃以下。沙漠地区经常天气晴朗，万里无云，但风力强劲，能把沙尘卷到几十米乃至上百米高。

## 沙漠中的绿洲

为什么沙漠中会有绿洲呢?原来，沙漠的地底下有很多地下河。这些地下河是因附近高山上的雪水融化后，流入沙漠地底后形成的。这些地下河滋润了植物，又为人和动物提供了饮用水，沙漠中有了生机，从而形成了一个个绿洲。

## 全世界最大的沙漠

全世界最大的沙漠是撒哈拉沙漠。它位于非洲的北部，面积约占非洲总面积的三分之一，与我国的国土面积差不多大。撒哈拉沙漠是世界上阳光最充足的地方，也是地球上最不适合生物生长的地方之一。

## 天地间的奇响——鸣沙

鸣沙就是自己会发声的沙子，发出的声音被誉为“自然中的妙音”。不同地方的沙子发出的声音是不一样的。比如，美国高阿夷岛上的沙子，发出的声音像狗叫，所以被称为“犬吠沙”。苏格兰爱格岛上的沙子鸣叫起来尖锐、响亮，好像食指在拉紧的丝弦上猛地弹了一下。中国宁夏鸣沙山的沙子，会发出像打雷一样“轰隆隆”的巨响。

## 沙漠里的竞走冠军

大家都知道，在沙漠里行走是件非常困难的事情。但是，这对于生活在沙漠中的响尾蛇来说，真是小菜一碟！即便是在有风的松沙地区，响尾蛇也能迅速爬行。它用一种奇特的横向伸缩的方式抓住松沙，自如地爬行，四处寻觅美食。

## 沙漠之舟——骆驼

骆驼有“沙漠之舟”的美誉，人们能够骑着它横穿沙漠这片死亡之海。为什么骆驼有这样的本事呢？这是因为骆驼全身的器官都是“斗沙卫士”。

骆驼的眼睛像“千里眼”，能发现远处的水源。

骆驼的睫毛又长又浓，而且有两层，像两层厚厚的帘子，能挡住风沙。

骆驼的耳朵像“顺风耳”，能预感风暴的来临。

骆驼的皮毛很厚，不怕沙漠中的烈日。

骆驼的驼峰里储存着脂肪，使它可以连续四五天不吃不喝。

骆驼的胃像口袋一样大，可以储存大量的水。

骆驼的脚掌宽得像喇叭，在沙漠里行走，不会陷到沙里去。

骆驼的脚底有又软又厚的“肉垫子”，不怕滚烫的沙粒。

骆驼在沙漠中行走时，很少出汗，很少小便。

## 沙漠之花——仙人掌

干旱的沙漠中生长着数不清的仙人掌，它们能开出娇艳的花朵，为枯燥的沙漠增添了绚丽的色彩，是当之无愧的“沙漠之花”。仙人掌一般在春季开花，有的一次开一两朵，有的一次能开几十朵，甚至上百朵。这些花的颜色众多，简直可以组成一个大彩盘。而且，它们的形态各异，有的像菊花，有的像莲花，还有的像玫瑰和郁金香……花儿们争奇斗艳，美不胜收，令沙漠中的旅者叹为观止。

为什么仙人掌家族在沙漠中有这么多的子孙呢？这是因为仙人掌十分耐旱。仙人掌的表面长了一层角皮，像打了一层蜡一样，能阻止自身水分蒸发。同时，仙人掌的根很厉害，一旦有水，就能把水全部吸收到自己的身体里。所以，仙人掌的生命力超强。世界上最大、最高的仙人掌有4层楼那么高，重达10吨。

## 沙漠中的寿星

在纳米布大沙漠，有一株千年兰，它被人们称为“千年兰之王”。它大约有2米高，沿其周围走一圈，足足有10米。你知道吗？它已经活了1500多年了！

# 生灵的乐园
# ——草原

说到草原，你会想到什么呢？

对于草原，我们并不陌生。我们会唱“蓝蓝的天上白云飘，白云下面马儿跑”，还会吟诵“天苍苍，野茫茫，风吹草低见牛羊”。众所周知，草原一望无际，牛羊肥美，是牧民美丽的家园。

除了这些，你还知道多少呢？

你是否知道，草原可能要受“夹板气”？因为它总是处在沙漠和森林的过渡地带。

你是否知道，中国国土面积的40%都被草原“占领”了？

你是否知道，呼伦贝尔草原被誉为“中国最美的草原”？

你是否知道，草原是地球上储存植被最多的地方？

你是否知道，草原家族有“四朵金花”——草甸草原、平草草原、荒漠草原和草寒草原？

## 内蒙古大草原

内蒙古大草原广阔无垠，是蒙古族人民世代居住的地方。著名的呼伦贝尔草原、科尔沁草原、鄂尔多斯草原等都是内蒙古大草原的一部分。

蒙古族人民淳朴、热情。他们喜欢身穿蒙古袍，脚蹬蒙古靴，在草原上策马奔腾。他们住在圆圆的蒙古包里，用浓浓的奶茶、香甜的奶酒、烤熟的牛羊肉等热情地招待来自远方的客人。

## 世界三大著名草原

**欧亚草原** 世界上面积最大的草原。在欧亚大陆上，草原植被自欧洲多瑙河下游起，呈连续的带状向东延伸，经罗马尼亚、俄罗斯和蒙古，直达中国，构成了世界上最宽广的草原。

**北美草原** 分布于北美大陆中部和西部的辽阔的大草原，属于温带草原。北美草原采用现代化经营方式，生产效率高，是玉米和小麦的主要产地。

**呼伦贝尔草原** 世界第三大草原。它地域辽阔，一直延伸至松涛激荡的大兴安岭。这里风光旖旎，水草丰美，3000多条河流纵横交错，500多个湖泊星罗棋布，组成了一幅绚丽的画卷。

## 历史上的草原枭雄

**完颜阿骨打** 女真族酋长，12世纪初统一女真各部，并消灭辽国。

**成吉思汗** 统一蒙古大草原，创立了横跨欧亚大陆的蒙古帝国，是世界历史上杰出的军事家、政治家之一。

**努尔哈赤** 清朝的奠基者，统一了女真各部，建立后金，他的儿子皇太极建立清朝。

## 草原上最盛大的节日
### ——那达慕大会

在我国的内蒙古草原，每年都会有一个最盛大的节日，那就是那达慕大会。那达慕是“游戏”“娱乐”的意思。这一天的白天，人们进行摔跤、赛马、射箭、套马等传统比赛；晚上，草原上飘荡起悠扬激昂的马头琴声，人们在篝火旁尽情歌舞，欢度佳节。

## 澳大利亚草原的土著动物

袋鼠是澳大利亚的“国宝”，是澳大利亚草原上的土著动物。它们主要以甘草为食，喜欢跳远，最远可以跳14米，还喜欢跳高，最高可以跳至4米，并以跳代跑，是跳得最高、最远的哺乳动物。

袋鼠的名字来源于袋鼠妈妈胸前的育儿袋，因为袋鼠宝宝在能独立生活前都待在育儿袋里。

袋鼠的形象常常作为澳大利亚的标志，比如绿色三角形袋鼠就用来表示澳大利亚制造。袋鼠的图像还经常出现在澳大利亚的公路标牌上，表示附近常有袋鼠出现，夜间开车时要注意。因为袋鼠的视力很差，加上对灯光的好奇，看到汽车经过会跳过去“看个究竟”。如果司机不注意，往往会伤害到袋鼠。

# “襟怀坦荡”的平原

你知道世界上有哪些著名的平原吗？

## 世界平原榜中榜

第一名，南美洲的亚马孙平原。

第二名，欧洲的东欧平原。

第三名，亚洲的西伯利亚平原。

第四名，南美洲的拉普拉塔平原。

第五名，北美洲的北美大平原。

第六名，亚洲的图兰平原。

第七名，亚洲的恒河平原。

第八名，亚洲的印度河平原。

第九名，欧洲的中欧平原。

第十名，亚洲的东北平原。

## 孕育文明的平原

平原面积广阔，地势平坦。平原地区农业发达，河湖众多，交通便利，非常适合人类居住。世界上的四大文明古国都是在大河附近的平原上发展起来的。

## 最神秘的“生命王国”——亚马孙平原

亚马孙平原地处南美洲，跨巴西、秘鲁等国，面积约为560万平方千米，是世界上面积最大的平原。

亚马孙平原上，热带雨林密布。森林里阴暗、潮湿、闷热，生活印第安人以及无数的野生动物，如蜂鸟、金刚鹦鹉、巨大蝴蝶、美洲虎、细腰猫、森蚺等。亚马孙森蚺是世界上最大的蛇，粗如成年男子的躯干。森蚺喜欢在水里游泳，水鸟、龟、水豚、凯门鳄等都是它的盘中餐。它能一次吃掉2.5米长的凯门鳄，并用几个星期时间来消化，在此期间不再“用膳”。尽管成年森蚺非常可怕，但是森蚺宝宝刚出生时，只有普通人的手臂那么长，经常会被凯门鳄吃掉。幸存者长大后，会为兄弟姐妹报仇雪恨，反过来吞吃凯门鳄。

## 全球探险家的乐园——亚马孙平原

亚马孙平原是由世界上最大的河流——亚马孙河的干、支流冲积而成的。亚马孙河从容地漫步于密林。河水养育了海牛、淡水海豚、鳄鱼、食人鲳等水生动物。其中，食人鲳是亚马孙流域的特产。它们是一种可怕的食肉淡水鱼，长约15～25厘米，牙齿尖利，能轻易咬断钢钩。它们成群结队，每群还有一个领袖，经过它们领地的动物或人，几乎都会遭殃。人一旦受伤落水，水里有了血腥味，食人鲳马上就成群集结过来，顷刻间就会把人变成“白骨精”。

亚马孙热带雨林人烟稀少，平均每平方千米还不到1个人。丛林和河流中潜伏着数不清的食人鲳、鳄鱼、毒蛇、毒虫等，十分危险。河流浩浩荡荡，千回百转。如果一个人独处其间，极易迷路。因此，这里又被人们称为“可怕的绿色坟墓”，也是全球探险家的乐园。

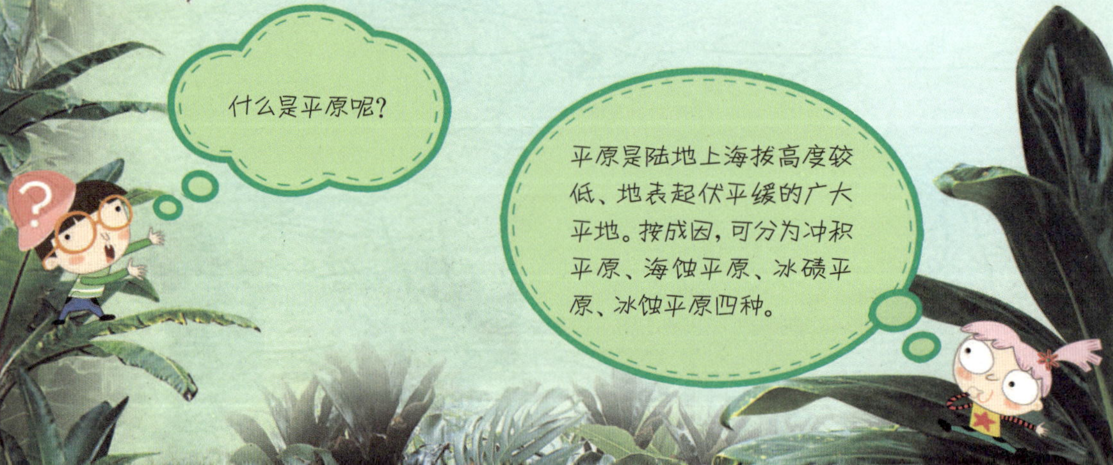

## 著名的粮仓——东北平原

东北平原是我国最大的平原。这里土层厚，黑土肥沃，耕地开阔，是我国著名的粮仓。

三江平原是东北平原的组成部分。新中国成立前，这里是有名的“北大荒”——“除了兔子就是狼，光长野草不打粮”。新中国成立后，数万名解放军战士和知识青年满怀着豪情壮志来到“北大荒”，爬冰卧雪，排干沼泽，开垦荒原，使千古荒原变成万顷良田，为国家生产了大批的粮食。“北大荒”也因此变成了“北大仓”。

## 富饶的土地——成都平原

成都平原沃野千里，物产丰富，气候宜人。这里有著名的古代水利工程都江堰。成都坐落在成都平原上，是美食之都、休闲之都，有悠久的历史和文化，也是“一座来了就不想离开的城市”。诸葛亮的《隆中对》、杜甫的绝句、三星堆遗址、金沙遗址、武侯祠等，让我们深深地感受到中华文明的博大精深……

# 人间的聚宝盆——盆地

盆地就像一个大大的聚宝盆镶嵌在地球表面，大多分布在多山的地区。通常，盆地的起伏比较小，地势平坦，四周是高高的山地或高原，中部是低矮的平原或丘陵。地球上最大的盆地是非洲的刚果盆地。

因所处的地区不同，不同盆地的气候各异。比如，刚果盆地高温多雨，巴黎盆地气候宜人，四川盆地冬暖夏热，塔里木盆地干旱少雨。

## 盆地的科学魔力

许多科学家都在对盆地进行深入研究。盆地究竟有何魔力呢?

盆地在形成以前往往要经历一些“磨难”：不是被海水淹没，就是被湖水淹没。像四川盆地、塔里木盆地都有过这样“悲惨”的经历。随后，地壳不断抬升，加上泥沙淤积，海底、湖底干涸，就变成了陆地。不过，曾经在大海、湖泊中生活过的大量生物死后被淤泥土葬，这就成为石油、煤炭形成的物质基础。此外，盆地容易保存动植物的化石，有助于科学家们发现地质时期的信息。这些都成为科学家们对盆地颇感兴趣的重要因素。

## 盆地是生产油气的大工厂

我国大约有80%的石油和天然气都在盆地底下长眠。我国先后在盆地发现的油气田达500多个。其中，著名的油田有大庆油田（中国第一大油田）、胜利油田、克拉玛依油田等；较大的气田有长庆气田、四川气田（天然气产量占全国的二分之一，是中国第一大气田）等。

这可难不倒我。它们分别是：中国最大的盆地塔里木盆地，像个等边三角形的准噶尔盆地，地势最高的柴达木盆地以及著名的紫色盆地——四川盆地。

## 天府之国——四川盆地

四川盆地是我国有名的“天府之国”。以前，四川盆地是一块陆地，后来板块运动使之成为海洋，再成为湖泊。1亿多年前，湖水又从巫山溢出，湖底干涸，演变为现在的盆地。真可谓历经曲折之路！

这里山川秀美，峨眉天下秀，青城天下幽。

这里矿藏丰富，天然气储量居全国第一。

这里是世界珍稀动物大熊猫、金丝猴的故乡。

这里是我国稻、麦、玉米、甘蔗、蚕丝、茶叶等的重要产区。

这里有一个著名的西昌卫星发射基地，它把“嫦娥姐姐”送到吴刚身边。

这里还是美食的故乡，郫县豆瓣、鱼香肉丝、宫保鸡丁、麻婆豆腐、张飞牛肉、水煮肉片等早已走出四川，闻名海内外。

这里江水滔滔，山林葱郁，田野翠碧，气候宜人，人才辈出。李冰、司马相如、扬雄、陈寿、李白、杜甫、武则天、苏轼、郭沫若、巴金、张大千、陈毅、朱德、刘伯承、邓小平、杨尚昆等都在这里留下了足迹。

## 从盆地伸向天庭的峨眉山

峨眉山是我国著名的人文名山，位于四川盆地西南部。1996年，它被联合国教科文组织列入《世界遗产名录》。主峰“金顶”，绝壁凌空，高插云霄，巍然屹立。登临其上，可西眺皑皑雪峰，东瞰莽莽平川。中部群山峰峦叠嶂，含烟凝翠，飞瀑流泉，鸟语花香，景色秀丽，且气象万千，可谓“一山有四季，十里不同天”。山中灵猴嬉戏，鸣蛙奏弹，奇花铺径，别有洞天。四大奇观——云海、日出、佛光、圣灯让游客叹为观止，流连忘返。

## 中国最热的地方——火焰山

火焰山是我国最热的地方，位于新疆吐鲁番盆地。因为吐鲁番盆地热气积聚，难以与外界空气交换，所以异常炎热，最高温度可达82℃。怪不得民间有这样一句谚语：“沙窝里蒸熟鸡蛋，石头上烤熟面饼。”

每年盛夏，火焰山在烈日的照射下，散发出的炽热气流滚滚上升，赭红色的山体看起来像烈火在燃烧。因为《西游记》里孙悟空三借芭蕉扇的故事就发生在此地，火焰山从此闻名天下。

# 地球的制高点——山地

你知道山地家族中有哪些成员吗?

## 山地家族的族谱

山地是指许多山岭、山谷集聚在一起，连绵交错，层峦叠嶂组合而成的地区。它们的“个子”一般较高，参差不齐，坡崖陡峭、山谷幽深。

山地的外貌奇特多样，有的彼此深情相望，绵延数千里；有的相互拥抱，犬牙交错，山外有山。

山地家族人丁兴旺，在地球上的成员多得难以计数。它们分属于“褶皱山”“断层山”“火山”“侵蚀山”等小家族。如著名的喜马拉雅山就是褶皱山。

山地主要分布在亚欧大陆和美洲大陆。喜马拉雅山、昆仑山、唐古拉山、天山、阿尔泰山、落基山脉都是著名的大山。

## 世界第一高——喜马拉雅山

喜马拉雅山是世界最高的山脉，屹立于青藏高原的南部，全长2500千米，平均海拔6000多米。这里终年为冰雪覆盖，所以藏族人民叫它“喜马拉雅”（意为“冰雪之乡”）。

喜马拉雅山的主峰——珠穆朗玛峰是世界上最高的山峰，高达8844.43米。它银装素裹，亭亭玉立，时而出现在湛蓝的天空中，时而隐藏在雪白的祥云里，圣洁、端庄、美丽、神秘。对于中外登山爱好者来说，它是极具吸引力的攀登目标。

## 北美洲的“脊骨”——落基山脉

落基山脉被人们称为北美洲的“脊骨”。“落基”一词是英文“rocky”的音译。因为最初的落基山脉，南北纵贯几千千米，广袤而缺乏植被，光秃秃的像块巨大的石头，故被称为“石头山”。

落基山脉几乎纵贯美国全境，著名的黄石国家公园、冰河国家公园等都在这里，尽情地展现山脉、峡谷、冰川、冰河等大自然奇观。

## 日本“圣山”——富士山

富士山是日本的象征之一，是日本人心中引以为傲的“圣山”。富士山高耸入云，山巅白雪皑皑，放眼望去，好似一把悬空倒挂的扇子，因此也有“玉扇”之称。

富士山是一座休眠火山，1707年后沉沉睡去。现如今的富士山，是世界名山之一。“富士八峰”“富士五湖”等景点吸引着世界各地的人们前去游览。

## 万山之宗——昆仑山

昆仑山在历史上大名鼎鼎，古人认为它是“天帝的下都”，“方圆八百里，高七万尺”，“是西王母的瑶池，到处长着结有珍珠和美玉的仙树”。古人尊昆仑山为“万山之宗”，并为它编织了许多美丽动人的神话传说。

昆仑美景美不胜收。黑海湖水清澈，鸟兽成群，气象万千；玉虚峰、玉珠峰全年银装素裹，山间云雾缭绕；格尔木河峡谷，绝壁相望，险要壮观。

昆仑泉水天下无双。昆仑泉是因昆仑山的冰雪融化后渗入地下喷涌出来而形成的。泉水清冽、晶莹透明、甘甜醇美，被誉为“冰川甘露”。

## 中国历代皇帝的最爱——泰山

泰山，又称东岳，为五岳之首，有“天下第一山”的美誉，是中国最美的、令人震撼的十大名山之一。泰山位于山东省中部，自然景观雄奇，数千年精神文化的渗透和渲染以及人文景观的烘托，使泰山闻名于天下。1987年，泰山被列入《世界遗产名录》。历代文人为之感叹：孔子留下了“登泰山而小天下”的赞叹，杜甫则留下了“会当凌绝顶，一览众山小”的千古绝唱。

数千年来，泰山对我国历代国君有着不可言喻的魔力，先后有72位先秦君王和包括秦始皇、汉武帝在内的12位皇帝来泰山举行封禅祭祀大典，94位帝王以其他级别参拜它，将它尊称为“东岳大帝泰山神”。

# 天使的眼泪——湖泊

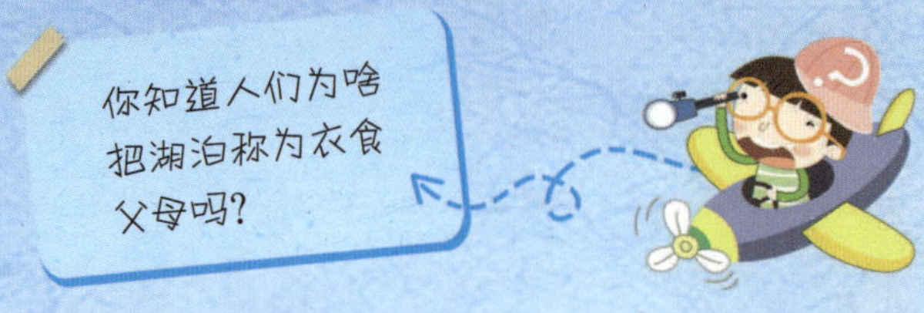


星罗棋布的大小湖泊，像一颗颗明珠镶嵌在地球上。它们千姿百态、大小不一、咸淡各异、变化多端。

可以这样说，不管是火山湖、冰川湖、堰塞湖，还是咸水湖、淡水湖，它们可以离人类远去，人类却离不开它们。

淡水湖盛产鱼虾、莲藕、芦苇、慈姑等；有湖泊的地方，大多是鱼米之乡。咸水湖出产人类的日常必需品——盐。仅中国的盐湖就够我们吃上8000余年。

湖泊还可以发电，灌溉农田，通航，“收拾”洪水，补给河流水。湖泊还是天然的气候调节器，可以吸热制冷。

所以，湖泊堪称“天使的眼泪”，人们的“衣食父母”。

## 藻类让湖泊重病缠身

当湖泊中的水“营养过剩”时，湖中的藻类会大量繁殖，并在水面形成一件蓝绿色、有腥臭味的“绿衣”，这就是富营养化的表现。它是鱼儿被灭门、水源被污染的元凶。2007年，太湖蓝藻暴发，几百万人的饮用水源被污染，出现困境。

## 不断“瘦身”的湖泊

我国的大小湖泊，不仅数量在减少，而且面积也在缩小。如著名的洞庭湖、鄱阳湖就因缺水而被迫“瘦身”。

导致湖泊“瘦身”的原因有很多，比如围湖造田，污染物、沙土等进军湖泊等。因此，我们要保护湖泊，防止它们受到伤害。

## 最有“城府”的湖泊

俄罗斯的贝加尔湖已经2500万岁了。它是世界上最有“城府”的湖泊，水深接近2000米。它还享有两个世界之最：世界上最古老的湖和世界上最大的淡水湖。

这是因为水冻成冰时，水中的空气一时出不去被关在里面了。而有空气的冰里面的光会发生散射现象，所以冰看上去就是白色的了。

## 地球上最孤独的地方——莫诺湖

美国加利福尼亚州的莫诺湖，被马克·吐温称为“地球上最孤独的地方”。在蔚蓝色的天空下，附近摄人眼球的石灰华塔、涟漪的湖面，足令你沉醉于它的孤独而流连忘返。

## 变色湖——迭戈·德拉哈亚

澳大利亚南部有个会变色的湖。由于湖中含有大量的碳化钙，所以一年之中湖水总要呈现三种颜色。冬季气温低，碳化钙在湖底沉积并凝结成晶体，这时的湖水呈黑色。春末夏初时，这些沉睡在湖底的碳化钙便悄悄上升，使湖水的颜色变浅了，呈现出一片灰色。随着气温的升高，碳化钙不断上升，到了八九月间，碳化钙全都浮在水面上，将湖水映成一片蓝色。

## “水怪”出没的尼斯湖

英国苏格兰的尼斯湖，因不断“闹”水怪而闻名于世。早在1500多年前，尼斯湖地区就开始流传湖中有巨大怪兽常出来吞食人畜的故事。一些人甚至宣称曾经目击过这种怪兽，有人说它长着大象的长鼻，浑身柔软光滑；有人说它口吐烟雾，使湖面雾气腾腾……说法不一，越传越广，越说越奇，令人生畏。究竟有没有传说中的这种水怪呢？这还有待科学家进一步的探索和研究。

## “咸”霸天下的湖泊——死海

死海是世界上最咸的湖泊，其含盐量是海水的8倍。因此，在这样的环境中，鱼儿不能生存，岸边及周围也没有花草生长，故称为“死海”。但这种高含盐量能让死海产生很大的浮力，人们可以悠闲地躺在海面上看书读报，随波漂浮。死海因此声名鹊起。

## 世界上最大的湖——里海

里海是世界上最大的湖泊。它是一个咸水湖，是远古地中海不断变迁、面积缩小的产物。

里海地区有大规模的油气田。因此，里海有可能会成为21世纪世界能源的主要供应地。

## 逝去的湖泊

曾经碧波荡漾、富有生命的湖泊，可能会因为人类的过度掠夺和污染而消失。比如，著名的罗布泊就于1972年因全部干涸而“死去”。据统计，近年来每年约有20个天然湖泊从地球上消失。

# 疑是银河落九天——瀑布

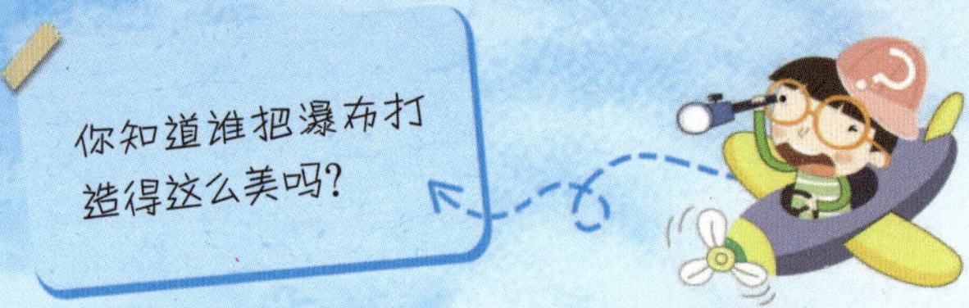


瀑布是地球上最瑰丽的乐章，凌空而下，银花四溅。那宏伟磅礴的气势令人震撼。大诗人李白也为之动容，留下“飞流直下三千尺，疑是银河落九天”的名句。

瀑布是在地球的内力作用或外力作用的影响下而形成的。河水在河谷中奔涌向前，如果遇到陡峭的悬崖，水流就会突然垂直跌落，倾泻下来，继而形成了瀑布。瀑布是一种暂时性的水流，最终它会消失殆尽。

## 世界三大著名瀑布

**尼亚加拉瀑布** 北美洲最壮观的自然景观，位于美国和加拿大的交界处。

**莫西奥图尼亚瀑布** 原名维多利亚瀑布，是非洲最大的瀑布，位于赞比亚与津巴布韦交界处。

**伊瓜苏瀑布** 南美洲一道亮丽的风景，世界上最宽的瀑布，位于阿根廷与巴西的交界处。

## 剽悍的尼亚加拉瀑布

尼亚加拉瀑布是横跨美国和加拿大的跨国瀑布，是世界七大奇景之一。从伊利湖滚滚而来的尼亚加拉河水流经此地，突然垂直跌落51米，巨大的水流以倾倒之势怒吼着冲下断崖，吼声震天，气势磅礴，场面震人心魄。

尼亚加拉瀑布的狂野和美丽，让无数极限爱好者为之着迷不已。每年都有不少人在瀑布上走钢丝，或从上面一跃而下，以挑战自我极限。

## “霹雳之雾”
## ——莫西奥图尼亚瀑布

莫西奥图尼亚瀑布，原名维多利亚瀑布，其宽度和高度是尼亚加拉大瀑布的1倍。河水从50米的陡崖重重地跌入深邃的峡谷，大瀑布的水汽腾空达几百米，使这个地区布满水雾。每逢月亮升起，水雾中映出光彩夺目的月虹，景色十分迷人，加之瀑布声如雷鸣，故莫西奥图尼亚瀑布被当地人称为“霹雳之雾”。

莫西奥图尼亚瀑布位于赞比西河的中段，该瀑布大约形成于1.5亿年前。瀑布所在的峡谷也是世界上罕见的天堑奇观。这里高峡曲折，苍岩如剑，巨瀑翻银，激流如奔，构成一幅格外奇丽的自然景色。

## 世界上最宽的瀑布——伊瓜苏瀑布

伊瓜苏瀑布是世界上最宽的瀑布，总宽度为3000～4000米。层层叠叠的瀑布环绕着一个马蹄形峡谷咆哮着倾泻而下，激起的水雾弥漫在密林上空，奔流而下的水流声在几千米以外都震耳欲聋。因其壮观和动人心魄，伊瓜苏瀑布被联合国教科文组织列入《世界遗产名录》。

## 世界上落差最大的瀑布

安赫尔瀑布，又称为“天使瀑布”，是世界上落差最大的瀑布，它藏身于委内瑞拉与圭亚那的高原密林深处。水流从陡壁直泻而下，几乎不与陡崖亲密接触，落入山脚的一个大水池的怀抱。安赫尔瀑布分为两级，先泻下807米，在岩架上稍作休息后再跌落172米，总落差达979米，大约是尼亚加拉瀑布的18倍。

## 中国值得一去的瀑布

**壶口瀑布** 顾名思义，其形象像一个壶口。

**庐山瀑布** 李白的诗“日照香炉生紫烟，遥看瀑布挂前川”就是对它的写照。

**马岭河瀑布** 中国最大的瀑布群。

**流沙瀑布** 瀑布从绝壁上腾空而下，极高的落差导致流水到了下面似散落的流沙。

**九寨沟瀑布** 最洁净的瀑布群。

**镜泊湖瀑布** 中国最大的火山瀑布。

**黄果树瀑布** 白水河上最雄浑瑰丽的乐章，将河水的低吟和欢悦奔腾奇妙地糅合在一起。

**九龙漈瀑布** 华东仅有的特大瀑布群。

**银练坠瀑布** 如银练纷垂，柔美动人。

**德天瀑布** 与越南的板约瀑布连为一体，是东南亚最大的天然瀑布。

# 水中奇葩——岛屿

岛屿是指四面环水，但又不会被水淹没的陆地。全球的岛屿多达5万多个，它们形状各异，面积有大有小，人们可以把家安在岛屿上。

世界七大洲都有岛屿，其中最大的岛屿为格陵兰岛，位于北美洲的东北部。我国的岛屿众多，其中最大的是台湾岛，海南岛次之。

如果在狭小的地域内集中两个以上的岛屿，就形成了岛屿群，大规模的岛屿群称为群岛。世界上最大的群岛是马来群岛。

如果一个国家的整个国土都坐落在一个或数个岛屿上，这个国家就叫“岛国”。比如，日本就是一个岛国。

## 世界上著名的岛屿

**格陵兰岛** 世界上最大的岛，面积达217.56万平方千米，大部分地区位于北极圈内，气候寒冷。

**日本列岛、大不列颠群岛、中国台湾岛和海南岛** 均为大陆岛，是板块运动时使它们与大陆撕离而形成的。

**夏威夷群岛** 著名的火山岛，因海底火山爆发而成。

**马尔代夫群岛** 世界上著名的珊瑚群岛。

**中国崇明岛** 中国最大的冲积岛。

## 美丽的千岛之城——舟山群岛

舟山群岛是中国最大的群岛，共有大小岛屿1390座，是有名的千岛之城。群岛上风光旖旎，气候宜人。不同的岛屿风光迥异：枸记山岛巨石耸立，秀岩嶙峋，摩崖石刻处处可见；大洋山岛溪流穿洞而过，水声潺潺；普陀山幽幻独特，山石林木，梵音滔滔；桃花岛，那就远近闻名了，它是金庸笔下黄药师所住的岛，也成为《射雕英雄传》的拍摄场地。

## 失落的天堂——马尔代夫群岛

在印度洋宽广的蓝色海域中，有一串如同被白沙环绕的绿色岛屿——马尔代夫群岛。西方人喜欢称它为“失落的天堂”，认为它是地球上最后的乐园。有人形容马尔代夫是一串珍珠，也有人形容它是一片碎玉。白色沙滩的海岛像一粒粒珍珠，而珍珠旁的海水则像一片片的美玉。

马尔代夫群岛隶属于世界上最大的珊瑚岛国马尔代夫。该群岛是世界著名旅游胜地。鲜艳夺目的珊瑚礁、雪白晶莹的沙滩、婆娑美丽的椰树、色彩艳丽的热带鱼、鸣叫的海鸟、返璞归真的茅草屋、浪漫的“水上屋”、别具一格的海底餐厅，以及冲浪、划水、潜水等刺激的运动使来自世界各地的游客们乐不思蜀。

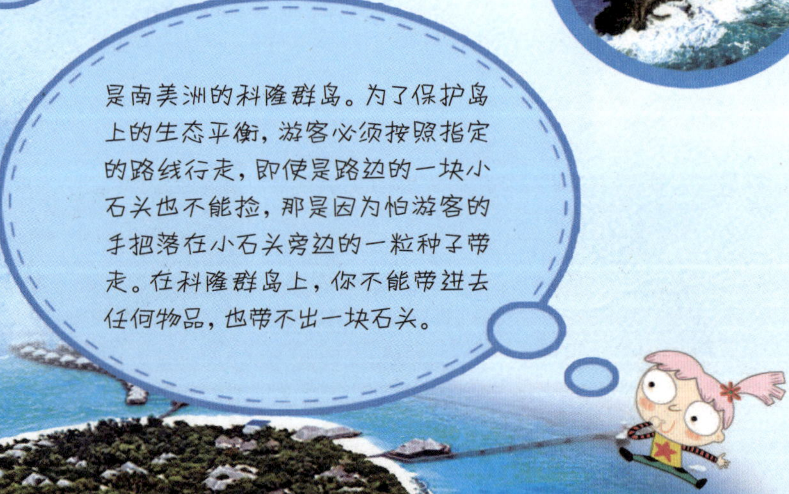

## 大西洋最大的岛国——英国

英国是大西洋上最大的岛国，位于欧洲西部。它与欧洲大陆隔海相望。现在海底隧道已开通，把英、法这两个发达国家连接了起来。

英国人自古就有岛国情结。莎士比亚曾说，英国是“镶嵌在银灰色大海里的宝石”，有一种置身大海的优越感。这种自古就有的优越感，与英吉利海峡有关。它像一道天然的屏障，曾帮助英国人成功地抵御了来自大陆的入侵者。

岛国情结还让英国人富于想象，喜欢冒险。英国人一直认为，在大海的某个地方，也许存在着比自己的家园还要神奇的海岛，岛上有无价的宝藏。这些传说总是令人升起无限的希望。

著名的《鲁滨孙漂流记》就直接取材于水手赛尔科克的精彩故事。1704年，赛尔科克跟船长吵架后，便独自一人留在了一个荒岛上。5年后，一条英格兰私掠船上岛修船，船员们吃惊地发现了一个人：他披着山羊皮，还会讲英语，他就是赛尔科克。10年后，英国作家笛福以赛尔科克的故事为基础写成了《鲁滨孙漂流记》，成为不朽的“海岛题材”小说之一。

# 地球家园的肺——森林

你知道人们为什么把森林比做一个大仓库吗?

森林是地球的基因库，是陆地上生物物种分布最丰富的地方。仅亚马孙热带雨林中就生长着地球上20%的物种。它们在森林里休憩、生活，代代繁衍、生生不息。

森林是地球上碳元素的贮存库。森林里的每一棵树都是二氧化碳的吸收器。一棵椴树一天就能吸收16千克二氧化碳。你知道一片森林一天能吸收多少二氧化碳吗?

森林是地球的蓄水库。降落到地面的雨水，一部分被树冠截留，一部分随着枯枝败叶渗透到土壤里被蓄留起来，一部分通过蒸发回归大气。返回大气中的水分越多，森林上空的降水就越多，如此良性循环，森林就成了地球的蓄水库。

森林还是地球的能源库，为人类提供源源不断的薪柴和木材。

## 森林获得的荣誉称号

森林因其功勋卓著，被人类授予许多荣誉称号：“大自然的装饰美化师”“大自然的调度师”“野生动植物的栖息地”“金色的宝库”“绿色的宝库”“天然氧气制造厂”“绿色的银行”“天然的调节器”“煤炭的鼻祖”“地球之肺”“天然的储水池”“防风的长城”“地球的基因库”“地球的碳贮库”“地球的蓄水库”“地球的能源库”“天然的吸尘机”“天然的监测仪”“自然界的防疫员”“天然的隔音墙”等。

## 世界森林之最

**世界上森林最多的洲：**拉丁美洲。

**世界上森林覆盖率最高的国家：**南美洲的圭亚那。

**世界上森林覆盖率最低的国家：**埃及。

**世界上森林覆盖率增长最快的国家：**法国。

**世界人均森林蓄积量最高的国家：**蒙古。

**世界人均森林蓄积量最低的国家：**墨西哥。

**世界人均森林占有面积最多的洲：**大洋洲。

**世界上森林保护最好的国家：**德国。

## 人类从森林中走来

按照进化论的观点，人类是从古猿进化而来的。森林为古猿提供了一个可以栖息的家园。从这个角度来看，森林是名副其实的人类诞生地和成长的摇篮。据科学家考证，非洲森林是人类的发祥地。

## 森林是地球之肺

森林通过绿色植物的光合作用“呼吸吐纳”：吸进大量的二氧化碳，吐出大量的氧气，维系了大气中二氧化碳和氧气的平衡，使人类不断地获得新鲜空气。因此，生物学家曾说森林是“地球之肺”。森林与人类的发展，与自然界的生态平衡息息相关。

虽说森林是“地球之肺”，可怕的是，这个“肺”由于植物被大量砍伐，现已被割去了三分之二。因此，保护、挽救和扩大森林，已成为人类的当务之急。

## 天堂雨林

天堂雨林位于亚洲大陆和澳大利亚之间，是亚太地区最大的热带原始森林。那儿有1米长的花朵、世界上最大的亚历山大巨凤蝶、可爱的红猩猩、美丽的天堂鸟以及许多还未被人类发现的物种。

那里还生活着大量原住民。他们未经文明浸染，全身涂满了泥巴，过着500年前他们的祖先一贯以来的生活。

目前，天堂雨林的动植物和原住民正面临着严重的生存威胁。乱砍滥伐可能导致天堂雨林在10年后从地球上消失。

# 地球之肾——湿地

你知道世界上最大的湿地在哪里吗?

湿地与森林、海洋并称全球三大生态系统，具有维护生态安全、保护生物多样性等功能。因此，人们把湿地称为“地球之肾”、天然水库和天然物种库等。世界上最大的湿地是潘塔纳尔沼泽地。它位于巴西马托格罗索州的南部地区，面积达25万平方千米。

## 天然水库——湿地

湿地是个“天然水库”，无偿地为生命提供水源。同时，它还能降伏洪水，减弱洪水对河流下游地区的危害。湿地是对付海浪、台风的急先锋。当海浪、台风和风暴入侵时，湿地里的植被能截流，避免水土流失，保持海岸和河堤的稳定，使附近的城镇、村庄免遭劫难。

## 湿地本领大

湿地能消灭有害物质，像湿地里的芦苇、水湖莲能有效地吸收生活污水中的有毒物质。

湿地有截留营养物质的本领。这些流经湿地的营养物质被截留后，养育了鱼虾、树林、野生动物和农作物等。

湿地还有发电、通航、改良小区域的气候等本领。

## 即将消失的潘塔纳尔沼泽地

每到雨季，巴西的潘塔纳尔沼泽地如海洋般一望无际；到了旱季，水域变窄，沼泽又成为各类动物的集中地。各种飞鸟像赶集一样，蜂拥而至，争抢没来得及从退水区撤退的贝类和微生物。据说，这里还盘踞了1000万条鳄鱼。尤其是到了旱季，无论在水中还是在陆地，鳄鱼的身影随处可见。

但潘塔纳尔沼泽地目前正遭受严重的人为破坏，如果不加以制止，这块湿地恐怕会在45年后从地球上消失。

## 杭州之肺——西溪湿地

西溪湿地与西湖齐名，位于杭州市区西部，有“杭州之肺”的美称，是国内罕见的城市湿地。

这片湿地自1600年前就打上人类渔耕活动的印记，形成了以鱼塘为主，河港、湖漾、沼泽镶嵌其间的格局。湿地内部水网密布，村庄、田野之间非舟莫渡，吸引了苏轼、米芾、唐寅、郁达夫、徐志摩等历代文人墨客来此驻足游览，并为它留下了为数众多的墨宝——诗文书画。

20世纪初，西溪湿地逐渐体弱不支，几近消失的边缘。2003年，杭州市将西溪湿地定为全国首个湿地公园试点，以此拯救西溪，使西溪绝处逢生。目前的西溪湿地，天然质朴，西溪七景的每一处景致，如烟水渔庄、西溪草堂、西溪梅墅、深潭口村等都呈现出冷、野、雅、趣的天然风貌。

## 世界湿地日

为了提高人们保护湿地的意识，让湿地造福子孙后代，人们将每年的2月2日定为“世界湿地日”，设定一个主题，开展各类活动。如2009年世界湿地日的主题是“从上游到下游，湿地连着你和我”，2011年的主题则是“湿地与森林”。

我国湿地资源丰富，居世界第四，亚洲第一。1992年，我国加入《湿地公约》，到2006年，我国已经建立了各种级别的湿地保护区473个，国际重要湿地30处，已有45%的天然湿地纳入保护区范围。因成绩突出，我国连续当选湿地公约常委会成员，先后获得了“献给地球的礼物”“全球湿地保护与合理利用杰出成就奖”等奖项。

# 美丽的海石花——珊瑚礁

在日照充足、水温较高的浅海，密密麻麻地盘踞着许多珊瑚礁。这些珊瑚礁色彩艳丽，蔚为壮观。它们是怎样形成的呢?

珊瑚礁是由珊瑚虫的尸体堆积建造起来的。珊瑚虫是一种生活在海洋的腔肠动物，它们喜欢过群体生活，当老的珊瑚虫“死去”后，它的肉身腐烂，坚硬的石灰质骨骼却被保留下来。新生的珊瑚虫附着在这些骨骼上，继续生长繁殖，然后开始其周而复始的新生之旅。如此反复，经过几百年，甚至几千年后，珊瑚虫的骨骼越堆越高，便形成了不断长“个子”的珊瑚礁。

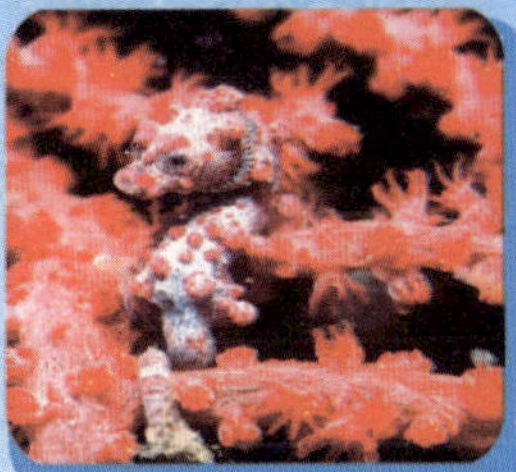

## 造礁运动的功臣——虫黄藻

虫黄藻是一种单细胞藻类，以不可思议的数量生活在珊瑚虫消化道的衬层细胞内。在正常的水温条件下，它们与珊瑚虫共生，与珊瑚虫保持着长期的盟友关系，互惠互利。珊瑚虫为虫黄藻提供生存条件；虫黄藻也投桃报李，为珊瑚虫提供营养物质，促使珊瑚虫的骨骼快速生长。虫黄藻还是珊瑚的重要食物来源与废物清理者。

此外，人们平常看到的珊瑚五颜六色，极其绚丽多彩。实际上，珊瑚的色彩都源于虫黄藻的颜色。因为虫黄藻本身就带有各种色素，所以给珊瑚染上了蓝色、红色或黄色的色彩。

## 珊瑚礁像年轮

某些造礁珊瑚会像树木的年轮那样每年在珊瑚礁上留下生长线。科学家把其当作珊瑚内隐藏着的“生物钟”，以此判断地质时代的气候和地理环境。比如，科学家根据现在珊瑚礁的生长线条数没有以前多，判定现在地球的自转速度比以前慢。

## 珊瑚礁可能会在21世纪末灭绝

科学家经过研究认为，珊瑚礁的美丽外衣正在被逐渐剥去。21世纪末极有可能就是珊瑚礁的世界末日。据资料显示，全世界的珊瑚礁有11%已遭受灭顶之灾，16%已不能发挥生态功能，60%正面临严重的威胁。

珊瑚礁面临灭顶之灾，主要有以下原因：

海水温度升高，珊瑚虫容易患"白色瘟疫"，全身变白后，凄凉地死去。

海水变酸，严重影响珊瑚礁的发育，甚至影响它们的身体健康。

人类捕鱼用的拖网，可能会把珊瑚礁连根拔起。

人们用炸药捕鱼，可能会把珊瑚礁炸得粉身碎骨。

海水富营养化导致珊瑚礁"内分泌失调"。

海水水质变差使得珊瑚虫患上传染病。

## 无家可归的海洋生物

许多海洋生物，尤其是一些濒临灭绝的生物，都是把家园建在珊瑚礁上及珊瑚礁附近。如果珊瑚礁受到破坏或死亡，这些海洋生物将"无家可归"，极有可能会走向灭绝。

## 海洋生物博物馆
### ——澳大利亚大堡礁

澳大利亚大堡礁是世界上规模最大、景色最美的珊瑚礁群。1981年，联合国教科文组织将其列入《世界自然遗产名录》。

澳大利亚大堡礁是一座巨大的天然海洋生物博物馆。在辽阔澄碧的海面上，一个个色彩斑斓的礁岛点缀着太平洋，大礁套小礁，礁外波涛汹涌，礁内湖平如镜。海水淹不到的礁岛上，椰树、棕榈挺拔遒劲，藤葛密织，郁郁葱葱，一派绚丽的热带风光。

水中的珊瑚礁千姿百态，五彩缤纷。珊瑚礁中游弋着包括儒艮和大绿龟在内的几千种珍稀动物。肥大的海参在蠕动，各种颜色的海星在爬动，奇形怪状的蝴蝶鱼、厚唇鱼穿梭如织，还有身长近1米的大龙虾、“躲猫猫”的石头鱼……这里也是鸟类的乐园，成群的海鸟如云遮空，为大堡礁增添了勃勃生机。

# 地球的动力——能源

能源是自然界能为人类提供某种形式能量的物质资源。能源家族成员众多，在我们面前经常露脸的有：煤炭、石油、天然气、水能、核能、风能、太阳能、地热能、海洋能等。它们被人们称为一次能源。这些成员往往还有“下一代”，如电力、煤气、汽油、柴油、焦炭、洁净煤、激光和沼气等，它们被人们称为二次能源。

## 太阳能的奇思妙用

撒哈拉沙漠地区的太阳能发电厂，不仅能发电，还能制造出淡水，用来浇灌花花草草，说不定哪一天，撒哈拉沙漠就变成绿树成荫的美好之地了！

英国的太阳能无人侦察机“微风”号，能利用太阳能在天空自由翱翔。这个家伙非常轻巧，可以在空中持续飞行3个月。

西班牙某个小镇的人们别出心裁地把太阳能电池板安放到了一个“极少有人打搅的地方”——墓地。因为地少人多，为节约资源，当地人在墓地里把棺材一层层叠起来，其中最高的“棺材楼”竟有5层。而太阳能电池板就放在最高一层的棺材上面。据说，它们生产的电足够附近的60户居民使用1年。

## 大显身手的煤

煤炭可以燃烧自己，为人类带来光明和热能。

煤炭积极投身于工业建设：发电，炼钢。

煤炭可以摇身一变为煤气，为人们烧火做饭。

煤炭燃烧时产生的气体也是宝贝，可以制造硫酸。

煤灰和煤渣可以用来制造水泥。

煤灰里能提取半导体材料——锗和镓。

煤炭的“化身”——煤焦油是染料、香料、橡胶、塑料、纤维、农药、化肥、炸药、洗涤剂、沥青、油漆、糖精等的“原料仓库”，所以说，煤是工业的粮食。

## 能量巨大的核能

核能是20世纪人类最重大的发现之一。核能首先应用到军事领域，如原子弹和核潜艇等。1945年，美国向日本的广岛和长崎投放了2颗原子弹。原子弹爆炸后，蘑菇云直冲云霄，现场钢架瘫软、混凝土霎时变为粉末，树木烧成焦炭，人体化为灰烬。据统计，爆炸当天死亡6万多人，另有无数的幸存者因这次爆炸饱受癌症、白血病等疾病的折磨。

核能还可以发电，且发电量巨大。自1945年起，核电站如雨后春笋般在世界各地安营扎寨。其中美国最多，有104个核电站；其次为法国，其核电发电量占全国发电量的78%。

历史上的核泄漏惨剧让人们格外重视核电安全。1986年，苏联切尔诺贝利核电站的核子反应堆发生事故，31人当场死亡，9万多人由于放射性物质的影响相继丧生，27万人饱受癌症之苦，无数畸形胎儿出生，经济损失惨重。专家称，这里若要恢复元气，至少需要800年。

## “黑色黄金”——石油

石油是一种黏稠的、深褐色的液体。由于它用途广泛，所以价格不菲。

从石油中诞生的汽油、柴油，能无私地为汽车、飞机、拖拉机、火车、轮船等提供燃料，让它们开动起来。

从石油里千辛万苦走出来的沥青，可以用来铺路。

从石油中还可以“压榨”出石蜡、凡士林等重要工业原料。

石油经过一系列磨难后，能脱胎换骨成衣服、农药、橡胶制品、香料、塑料等。

石油还是重要的战略资源。美国发动海湾战争、伊拉克战争，都是因为这些地区含有丰富的石油，美国想“用战争换石油”。

石油是由古代的有机物变来的。在漫长的地质年代里，大量海洋生物的遗体堆积在海底。由于跟外界空气隔绝，以及地层内部高温、高压的作用，生物体逐渐分解，最后就转化成石油了。

# 脑力大激荡

1.地球的寿命约为 （　　）
A.200亿～300亿年　B.100亿～120亿年
C.50亿～100亿年　D.300亿～500亿年

2.通过英国格林尼治天文台的是 （　　）
A.0°经线　B.0°纬线
C.东经50°　D.西经50°

3.人们将地幔与地核的分界面称为 （　　）
A.莫霍面　B.上地幔
C.下地幔　D.古登堡面

4.与西湖齐名，堪称“杭州之肺”的是
（　　）
A.雷峰塔　B.龙井
C.西溪湿地　D.梅家坞

5.提出“日心说”的科学家是 （　　）
A.哥白尼　B.伽利略
C.爱因斯坦　D.牛顿

6.海洋的面积约占地球表面积的 （　　）
A.69%　B.21%　C.31%　D.71%

7.世界上最古老的岩石大约有 （　　）
A.40亿岁　B.38亿岁　C.20亿岁　D.43亿岁

8.下列物品中，不是利用黏土制成的是
（　　）
A.唐三彩　B.“泥人张”彩塑
C.黑陶　D. 翡翠

9.世界上最坚硬的矿物是 （　　）
A.石英　B.花岗石　C.大理石　D.金刚石

10.琥珀是大自然的杰作，主要形成于
（　　）
A.三叠纪　B.白垩纪或第三纪
C.第四纪　D.侏罗纪

11.下列不属于全球主要的地震带的是 （　　）
A.环太平洋地震带
B.地中海—喜马拉雅地震带
C.海岭地震带
D.大西洋地震带

12.造成了核电站事故的一次海啸发生于
（　　）
A.1960年，智利　B.2004年，印度尼西亚
C.2011年，日本　D.1908年，意大利

13.堪称“大自然的鬼斧神工之作”的恩戈罗恩戈罗火山口位于 （　　）
A.埃及　B.美国　C.日本　D.坦桑尼亚

14.当北京处于夏季时，澳大利亚处于 （　　）
A.春季　B.夏季　C.秋季　D.冬季

15.闻名世界的“郑和下西洋”，发生于 （　　）
A.明朝　B.清朝　C.元朝　D.宋朝

16.如果傍晚出现火烧云，那么第二天的天气为
（　　）
A.晴朗　B.阴雨　C.下雪　D.落冰雹

17.人们真正发现科学的人工降雨方法的年代是
（　　）
A.1945年　B.1946年　C.1947年　D.1948年

18.雪是一种结晶体，它的形状呈 （　　）
A.正五边形　B.正十二边形
C.八边形　D.正六角形

19.历史上最猛烈的闪电发生于 （　　）
A.坦桑尼亚　B.埃及
C. 津巴布韦　D.南非

20.发现彩虹形成原理的科学家是 （　　）
A.笛卡儿　B.伽利略　C.哥白尼　D.牛顿

21.世界上最大的沙漠是（　　）

A. 塔克拉玛干沙漠　B.撒哈拉沙漠

C. 辛普森沙漠　D.纳米布沙漠

22.表现出海面水温低于往年的气候异常变化现象称为（　　）

A.厄尔尼诺　B.拉尼娜

C.厄尔尼娜　D.拉尼诺

23.世界气象日为每年的（　　）

A.4月12日　B.6月5日　C.3月23日　D.5月8日

24.世界上面积最大、人口最多的一个洲是（　　）

A.非洲　B.北美洲　C.欧洲　D.亚洲

25.号称“白色的荒漠”的是（　　）

A.北美洲　B.欧洲

C.大洋洲　D.南极洲

26.世界上最高的山峰是（　　）

A.珠穆朗玛峰　B.阿尔卑斯山

C.科罗拉多山　D.玉龙雪山

27.南极洲最高、最大的冰山的总面积为（　　）

A.5200多平方米　B.5800多平方米

C.6200多平方米　D.3200多平方米

28.世界上最高的高原是（　　）

A.蒙古高原　B.黄土高原

C.云贵高原　D.青藏高原

29.生活在纳米布沙漠中的千年兰有（　　）

A.1500多岁　B.1800多岁

C.1700多岁　D.1600多岁

30.世界上最大的草原是（　　）

A.北美草原　B.呼伦贝尔草原

C.欧亚草原　D.内蒙古大草原

31.下列动物中，属于亚马孙流域特有的是（　　）

A.鳄鱼　B.食人鲳

C.眼镜蛇　D.海豚

32.中国最大的盆地是（　　）

A.准噶尔盆地　B.柴达木盆地

C.四川盆地　D.塔里木盆地

33.富士山是日本的象征之一。它属于一座（　　）

A.死火山　B.休眠火山

C.活火山　D.火焰山

34.发出“登泰山而小天下”这一赞叹的名人是（　　）

A.老子　B.孟子　C.孔子　D.杜甫

35.世界上最古老的湖泊是（　　）

A.贝加尔湖　B.洞庭湖

C.鄱阳湖　D.尼斯湖

36.世界上最大的湖泊是（　　）

A.死海　B.波罗的海

C.里海　D.红海

37.世界上最宽的瀑布是（　　）

A.伊瓜苏瀑布　B.莫西奥图尼亚瀑布

C.尼亚加拉瀑布　D.黄果树瀑布

38.世界上著名的珊瑚群岛是（　　）

A.格陵兰岛　B.日本列岛

C.夏威夷群岛　D.马尔代夫群岛

答案：1.B 2.A 3.D 4.C 5.A 6.D 7.D 8.D 9.D 10.B 11.D 12.C 13.D 14.D 15.A 16.A 17.D 18.D 19.C 20.D 21.B 22.B 23.C 24.D 25.D 26.A 27.C 28.D 29.A 30.C 31.B 32.D 33.C 34.C 35.A 36.C 37.A 38.D

图书在版编目（C I P）数据

玄妙地球之谜 / 李瑞宏主编. -- 杭州 : 浙江教育出版社，2017.4
（探秘世界系列）
ISBN 978-7-5536-5684-7

Ⅰ. ①玄… Ⅱ. ①李… Ⅲ. ①地球－少儿读物 Ⅳ. ①P183-49

中国版本图书馆CIP数据核字(2017)第063856号

**探秘世界系列**

# 玄妙地球之谜

XUANMIAO DIQIU ZHI MI

李瑞宏 主编 郭寄良 副主编
高 凡 陆 源 编著 米家文化 绘

| | |
|---|---|
| **出版发行** | 浙江教育出版社<br>（杭州市天目山路40号 邮编：310013） |
| **责任编辑** | 韦春明 **文字编辑** 林哲星 |
| **美术编辑** | 曾国兴 **封面设计** 韩吟秋 |
| **责任校对** | 雷 坚 **责任印务** 刘 建 |
| **图文制作** | 米家文化 |
| **印 刷** | 浙江新华印刷技术有限公司 |
| **开 本** | 787mm×1092mm 1/16 |
| **成品尺寸** | 180mm×230mm |
| **印 张** | 10.25 |
| **字 数** | 205000 |
| **版 次** | 2017年4月第1版 |
| **印 次** | 2017年4月第1次印刷 |
| **标准书号** | ISBN 978-7-5536-5684-7 |
| **定 价** | 25.00元 |

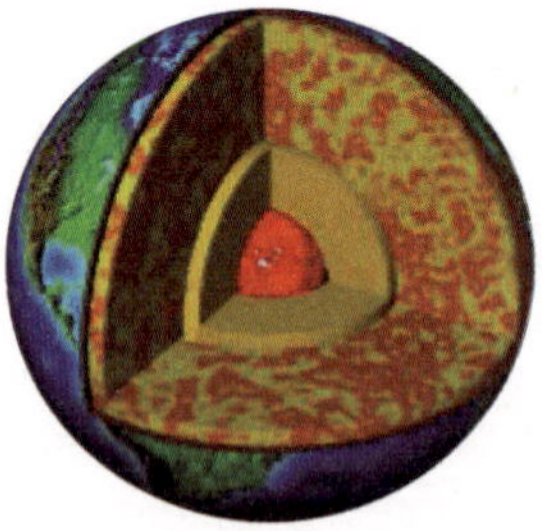

联系电话：0571-85170300-80928
邮 箱：zjjy@zjcb.com 网 址：www.zjeph.com